四川省示范性高职院校建设项目成果

电机与电气控制技术

校 内 主 编　罗明凤

校外副主编　胡丽红

校内副主编　王敬辉　韩代云　冷报春　蔡　舒

西南交通大学出版社

·成 都·

图书在版编目（CIP）数据

电机与电气控制技术 / 罗明凤主编. —成都：西南交通大学出版社，2016.2（2019.8 重印）
ISBN 978-7-5643-4550-1

Ⅰ. ①电… Ⅱ. ①罗… Ⅲ. ①电机学－高等学校－教材②电气控制－高等学校－教材 Ⅳ. ①TM3②TM921.5

中国版本图书馆 CIP 数据核字（2016）第 031975 号

电机与电气控制技术

主编 罗明凤

责任编辑	黄淑文
封面设计	何东琳设计工作室
出版发行	西南交通大学出版社 （四川省成都市金牛区二环路北一段 111 号 西南交通大学创新大厦 21 楼）
发行部电话	028-87600564　028-87600533
邮政编码	610031
网址	http://www.xnjdcbs.com
印刷	四川煤田地质制图印刷厂
成品尺寸	185 mm × 260 mm
印张	10.25
字数	256 千
版次	2016 年 2 月第 1 版
印次	2019 年 8 月第 2 次
书号	ISBN 978-7-5643-4550-1
定价	32.00 元

课件咨询电话：028-87600533
图书如有印装质量问题　本社负责退换

前　言

本书从职业需求入手，以培养中、高级电机与电气控制技术技能型人才为目标，体现高职教育"以就业为导向，以职业技能为核心"的特点。本教材强调让学习者在做中学、学中做，突出教、学、做一体化的职教理念。要求学习者通过本教材 6 个模块的学习，掌握电动机与电气控制的基础知识，掌握变压器的维修维护、电动机的选型、电气控制系统的安装、调试和维护维修等技能。

本书分为 6 个模块，模块 1 为变压器的相关知识；模块 2、模块 3、模块 4 为三种典型机床的相关知识，为三相交流异步电动机的控制；模块 5 为直流电动机控制；模块 6 为特种电机的控制，主要针对自动生产线中常用的伺服电机进行讲解，讲解伺服驱动器的原理、参数设置、接线等。整个内容安排简单、紧凑、实用性强。本教材将常用电动机与电气控制技术有机结合，并对变压器、电气控制等内容进行了详细介绍，教学内容十分丰富。本教材突破传统的学科体系教学框架，融入任务驱动、理实一体化的项目课程理念，基本原理以"够用"为原则，重点培养学生实际分析和解决问题的能力。在内容选择上，主要以学校现有设备为基础，以项目作为载体，以电动机应用能力要求为出发点。要求学生掌握变压器的结构，常用低压电器的原理、图形符号、文字符号，常用电动机的结构、原理、铭牌、特性、控制、电气图的绘制等知识；具备变压器的维护维修，常用低压电器的选用，常用电动机控制系统的安装、调试、维护维修、绘制电气图等技能；具有职业道德观、资料查阅收集、团队沟通合作等素质。教学内容与中级维修电工的国家职业技能要求相融通，要求学生与电工行业要求相融通，取得相应的技能证书。

本书以课程标准为依据，编写过程中与企业专家合作研究确定对应典型工作岗位所需要的知识、技能及素质，分析出教材所需要提供的知识，序化重组成教材的内容。书中积极引入新材料、新技术、新工艺、新项目开发流程、新案例、新法规等知识内容。

本书可作为高职机电类专业的教材，同时也可供电气自动化、生产过程自动化、机电设备自动化、机电设备维修等专业参考。

本书由四川工商职业技术学院罗明凤任主编，王敬辉、韩代云、冷保春、蔡舒任副主编。其中，模块 1 由韩代云老师和罗明凤老师编写，模块 2、模块 3 由罗明凤老师和蔡舒老师编写，模块 4 由冷保春老师和罗明凤老师编写，模块 5 由王敬辉老师编写，模块 6 由王敬辉老师和罗明凤老师编写。全书由罗明凤统稿。

书稿的编写得到了株洲南车机电科技有限公司胡丽红工程师、成都星宇节能有限公司张辉全工程师、成都盛合有限公司闫石工程师和四川商业职业技术学院牟明朗老师的大力支持。

由于编者水平有限，加之时间仓促，书中难免出现错误，欢迎读者批评指正。

编　者

2015 年 12 月

目　录

模块 1　三相变压器的维护

➢　**教学目标**

1. 知识目标

（1）了解我校供电系统的组成。

（2）了解变压器的型号及铭牌数据。

（3）了解单相变压器的基本结构。

2. 技能目标

（1）能正确理解变压器的铭牌数据。

（2）能根据要求列出变压器的主要参数。

（3）能正确对变频器进行巡视和检修。

➢　**中华人民共和国人社部维修电工国家职业标准**

（1）鉴定工种：中级维修电工。

（2）技能鉴定点见下表。

序号	鉴定代码				鉴定内容
	章	节	目	点	
1	2	2	1	2	常用变压器与异步电动机
2	2	2	1	3	常用低压电器
3	2	2	1	7	电工读图的基本知识
4	2	2	1	8	一般生产设备的基本电气控制线路
5	2	2	1	10	常用工具（包括专用工具）、量具和仪表
6	2	2	1	11	供电和用电的一般知识

任务 1.1　我校供电系统

　　工厂供电系统是指从工厂所需电力电源线路进厂起，到厂内高、低压用电设备进线端止的整个供电系统，包括厂内的变、配电所和所有高、低压供电线路。

　　不是所有的工厂供电系统都包括上述所有部分，而是根据工厂和电源的距离、工厂的总负荷、各车间的分布、厂区内的配电方式以及地区电网的供电条件等来确定工厂供电系统的组合方案。图 1-1 所示为我校 10 kV 供电系统图。

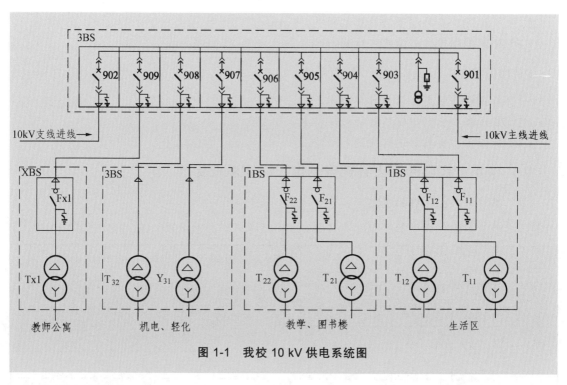

图 1-1　我校 10 kV 供电系统图

　　从图可以看出：

　　（1）系统采用双电源，10 kV 主线和 10 kV 支线，以提高供电可靠性。

　　（2）最上面 3BS 为高压配电所，红线为高压母线，高压配电出线分别接到教师公寓、机电、教学、生活区。

　　（3）教师公寓采用一台变压器。

　　（4）机电、教学、生活区采用两台变压器，以提高供电可靠性，当一台变压器出现故障时可用另一台继续供电。

　　（5）上面各开关为高压断路器带接地刀。

　　（6）下面各开关为隔离开关带接地刀。

　　（7）10 kV 主线有防雷器。

　　（8）10 kV 电源进线经高压配电所给各用户变电所，经变压器变压给各用户使用。

任务 1.2 电力三相变压器的结构及维护

变压器种类繁多,广泛应用于各种交流电路中,与人们的生产生活密切相关。小型变压器应用于机床的安全照明和控制电路、各种电子产品的电源适配器、电子线路中的阻抗匹配等。电力变压器是电力系统中的关键设备,起着高压输电、低压供电的重要作用。现代的电力系统大多是三相制,因而广泛使用三相变压器。在这里重点介绍电力三相变压器的结构及维护。电力变压器的外形图如图 1-2 所示。

图 1-2 电力变压器实物图

三相变压器可由三台同容量的单相变压器组成,称为三相变压器组。但大部分中小容量的三相变压器采用三相共有一个铁芯的三相心式变压器,简称三相变压器。三相变压器是每个企事业单位必备的电力设备,它的工作正常与否直接与企业的生产经营相关。了解三相变压器的结构和性能特点,正确使用与维护三相变压器,是电气技术人员必备的知识和技能。只有掌握了三相变压器的基本知识,才能安全可靠地使用它并充分发挥它的作用。

电力变压器按功能分为升压变压器和降压变压器两大类。工厂变电所都采用降压变压器。直接供电给用电设备的终端变电所降压变压器,统称为配电变压器。

1.2.1 电力变压器的基本结构

电力系统中应用最为广泛的电力变压器是双绕组、油浸自冷电力变压器。电力变压器基本结构是由两个或两个以上的绕组绕在同一铁芯柱上,绕组和铁芯的组合称为变压器器身,器身在油箱内,油箱上装有散热片、绝缘套管、调压装置、冷却装置、保护装置、防爆装置等,如图 1-3 所示。

1. 铁 芯

铁芯是变压器的磁路部分。为了减少铁芯内的涡流损耗和磁滞损耗,铁芯通常采用表面经绝缘处理的冷轧硅钢片叠装而成。硅钢片具有较优良的导磁性能和较低的损耗。

铁芯分为铁芯柱和铁轭(磁轭)两部分,铁芯柱上套有绕组,磁轭作为连接磁路之用。

铁芯结构的基本形式有心式和壳式两种。

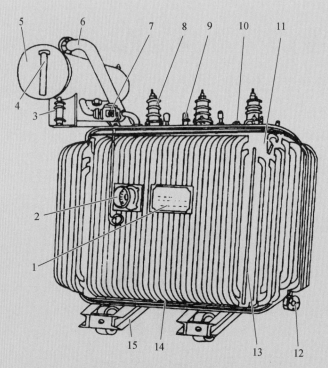

图 1-3　电力变压器结构图

1—铭牌；2—信号温度计；3—吸湿器；4—油枕（储油柜）；5—油位指示器（油标）；6—防爆管；
7—瓦斯继电器；8—高压套管；9—低压套管；10—分接开关；11—油箱；
12—放油阀；13—铁芯；14—接地端子；15—小车

2. 绕　组

绕组是变压器的电路部分，应具有较好的耐热性能、较高的机械强度及良好的散热条件，以保证变压器可靠运行。变压器绕组中与电源相连的叫一次绕组或原绕组，与负载相连的叫二次绕组或副绕组。变压器绕组也可以根据电压大小分为高压绕组、低压绕组。

3. 油箱和其他附件

1）变压器油

变压器油是经提炼的绝缘油，绝缘性能比空气好。它是一种冷却介质，通过热对流方式，及时将绕组和铁芯产生的热量传到油箱和散热油管壁后向四周散热，使变压器的温升不致超过额定值。变压器油按要求应具有低的黏度，高的发火点和低的凝固点，不含杂质和水分。

2）储油柜

储油柜又称油枕，一般装在变压器油箱上面，其底部有油管与油箱相通。当变压器油热胀时，将油收进储油柜内，冷缩时，将油灌回油箱，以便始终保持器身浸在油内。油枕上还装有吸湿器，内含氧化钙或硅胶等干燥剂。

3）安全气道

较大容量的变压器油箱盖上装有安全气道，它的下端通向油箱，上端用防爆膜封闭。当变压器发生严重故障或气体继电器保护失效时，箱内产生很大压力，可以冲破防爆膜，使油和气体从安全气道喷出而释放压力，以避免造成重大事故。

4）气体继电器

气体继电器安装在油箱与油枕之间的三连通管中。当变压器发生故障时，内部绝缘材料及变压器油受热分解，产生气体沿连通管进入气体继电器并使之动作，接通继电器保护电路发出信号，以便工作人员进行处理或引起变压器前方断路器跳闸保护。

5）绝缘套管

高、低压绝缘套管装在油箱上，作为高、低压绕组的出线端，使变压器进、出线与油箱（地）之间绝缘。高压（10 kV 以上）套管采用空心充气式或充油式瓷套管，低压（1 kV 以下）套管采用实心瓷套管。

6）分接开关

箱盖上的分接开关可以在空载情况下改变高压绕组的匝数（±5%），以调节变压器的输出电压，改善电压质量。

1.2.2　三相变压器的电路组成

三相变压器按照其磁路系统的不同，可以由三台同容量的单相变压器组成三相变压器组；也可以由三个单相变压器合成一个三铁芯柱组成三相心式变压器。

1. 单相变压器的工作原理

单相变压器的电路如图 1-4 所示。根据电磁感应原理可知，当原线圈接到交流电源时，绕组中便有交流电流通过，并在铁芯中产生与外加电压频率相同的交变磁通，向负载输出电能，从而实现不通电压等级的传递。原、副线圈产生的感应电动势和它们各自的匝数成正比。

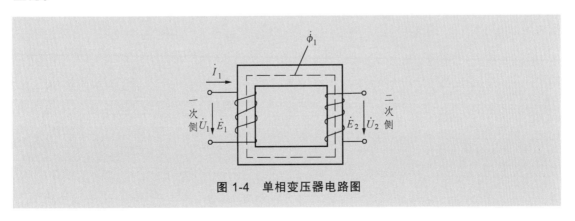

图 1-4　单相变压器电路图

2. 三相变压器的磁路组成

三相变压器组是把三台容量相同的变压器根据需要将其一次、二次绕组分别接成星形或三角形联结。一般三相变压器组的一次、二次绕组均采用星形联结，如图1-5所示。

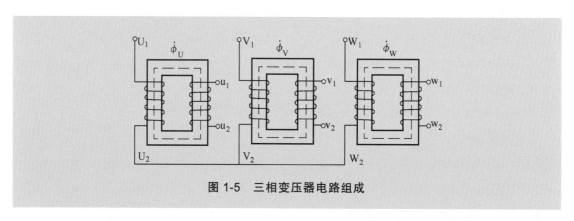

图1-5 三相变压器电路组成

三相变压器组是由三台单相变压器按一定方式联结而成，三台变压器之间只有电的联系，而各自的磁路相互独立，互不关联。当三相变压器组一次侧施以对称三相电压时，则三相的主磁通也一定是对称的，三相空载电流也对称。

1.2.3 变压器的并联运行

现代发电站和变电所中，常采用多台变压器并联运行的方式。变压器的并联运行是指两台或两台以上变压器的一次绕组和二次绕组分别并联起来，接到输入和输出的公共母线上，同时对负载供电，如图1-6所示。

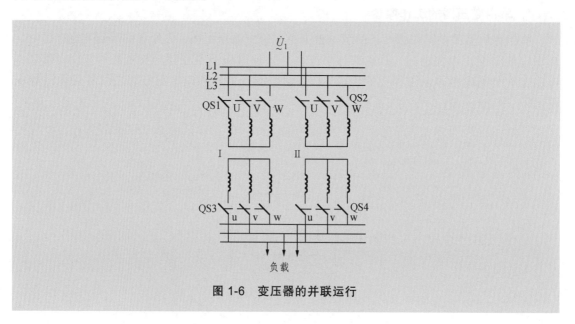

图1-6 变压器的并联运行

1．变压器并联运行的优点

（1）提高供电的可靠性。如果某台变压器发生故障，可以将它从电网中切除进行维修，电网仍能继续供电。

（2）可以根据负载的大小，调整运行变压器的台数，从而提高变压器的工作效率。

（3）可以随着用电负荷的增加，分期分批安装新的变压器，从而减少变压器的备用量和初次投资。

2．变压器理想的并联运行

（1）空载时，各变压器之间无环流，每台变压器的空载电流都为零。

（2）负载时，各变压器所分担的负载电流与它们的容量成正比。

（3）各变压器的负载电流同相位。

3．变压器理想并联运行的条件

为了实现理想的并联运行，各台参与并联运行的变压器必须满足以下条件：

（1）各变压器输入/输出的额定电压相等，即变比相等。如果变比不相等，则并联运行的几台变压器的二次绕组空载电压也不相等，各台变压器的二次绕组之间将产生环流，即电压高的绕组向电压低的绕组供电，从而引起很大的铜损耗，导致绕组过热或烧毁。

（2）各变压器的联结组别相同。如果联结组别不同，则并联运行的各台变压器输出电压的大小相等，相位却不相同，它们二次电压的相位至少差 30°，这样在一次绕组和二次绕组中将产生极大的环流，这是绝对不允许的。如果两台变压器并联运行，一台为 Y，yn0 联结组，另一台为 Y，d11 联结组，则在两台变压器二次绕组之间将产生电位差。

（3）各变压器的短路电压相等。由于并联运行的各台变压器的负荷与对应的短路电压值成反比，所以，短路电压值大的变压器承担的负荷小，不能充分发挥作用；短路电压值小的变压器承担的负荷大，很容易过载。

实际的变压器在并联运行中，并不要求变比绝对相等，误差在 ±0.5% 以内是允许的，所形成的环流不大；也不要求短路电压值绝对相等，但误差不能超过 10%，否则容量分配不合理；变压器的联结组别则一定要相同，这是变压器并联运行首先要满足的条件。并联运行的各台变压器容量差别越大，离开理想并联运行的可能性就越大，所以在并联运行的各台变压器中，最大容量与最小容量之比不宜超过 3∶1，最好是同规格、同型号的变压器进行并联运行。

1.2.4　变压器的型号和铭牌数据

1．变压器的型号

变压器的型号表示一台变压器的结构、额定容量、电压等级、冷却方式等内容。例如 OSFPSZ-250000/220 表示自耦三相强迫油循环风冷三绕组铜线有载调压，额定容量 250 000 kV·A，高压额定电压 220 kV 的电力变压器。

例一：SL7-500/10 表示低损耗三相油浸自冷双绕组铝线，额定容量 500 kV·A，高压侧额定电压 10 kV 级的电力变压器。

例二：SFPL-63000/110 表示三相强迫油循环风冷双绕组铝线，额定容量 63 000 kV·A，高压侧额定电压 110 kV 级的电力变压器。

2. 变频器铭牌

铭牌上给出三相联结组以及相数 m、阻抗电压 U_k、型号、运行方式、冷却方式和重量等数据。

变压器的铭牌主要标示变压器的额定值。变压器的额定值是制造厂对变压器正常使用所作的规定，变压器在规定的额定值状态下运行，可以保证长期可靠的工作，并且有良好的性能。变压器的铭牌标注的额定值主要包括以下几方面。

1）额定容量

额定容量是变压器在额定状态下的输出能力的保证值，单位用伏安（V·A）、千伏安（kV·A）或兆伏安（MV·A）表示。额定容量是视在功率，是指变压器副边额定电压和额定电流的乘积。它不是变压器运行时允许输出的最大有功功率，后者和负载的功率因数有关，所以输出功率在数值上比额定容量小。由于变压器有很高的运行效率，通常原、副绕组的额定容量设计值相等。

2）额定电压

额定电压是指变压器空载时端电压的保证值，是根据变压器的绝缘强度和允许温升而规定的电压值，单位用伏（V）、千伏（kV）表示。三相变压器原边和副边的额定电压均是指线电压。原边额定电压 U_1 是指原边绕组上应加的电源电压（或输入电压），副边额定输出电压 U_2 通常是指原边加 U_1 时副边绕组的开路电压。使用时原边电压不允许超过额定值（一般规定电压额定值允许变化 ±5%）。考虑有载运行时变压器有内阻抗压降，所以副边额定输出电压 U_2 应较负载所需的额定电压高 10%。对于负载固定的电源变压器，副边额定电压 U_2 有时是指负载下的输出电压。

3）额定电流

额定电流是指变压器按规定的工作时间（长时连续工作或短时工作或间歇断续工作）运行时原副边绕组允许通过的最大电流，是根据绝缘材料允许的温度定下来的。由于铜耗，变压器会发热。电流越大，发热越厉害，变压器温度就越高。在额定电流下，材料老化比较慢。但如果实际的电流大大超过额定值，变压器发热就很厉害，绝缘会迅速老化，变压器的寿命就会大大缩短。

4）额定频率

使用变压器时，还要注意它对电源频率的要求。因为在设计变压器时，是根据给定的电源电压等级及频率来确定匝数及磁通最大值的。如果乱用频率，就有可能导致变压器损坏。例如一台设计用 50 Hz/220 V 电源的变压器，若用 25 Hz/220 V 电源，则磁通将要增加 1 倍，由于磁路饱和，激磁电流剧增，变压器会马上烧毁。所以在降频使用时，电源电压必须与频率成正比下降。另外，在维持磁通不变的条件下，也不能用到 400 Hz/1 600 V 的电源上。此时虽不存在磁路的饱和问题，但是升频使用时耐压和铁耗却变成了主要矛盾。因为铁耗与频率的 1.2 次方成正比关系，频率增大时，铁耗增加很多。由于这个原因，一般对于铁芯采用 0.35 mm 厚的热轧硅钢片的变压器，50 Hz 时的磁通密度可达 0.9~1 T，而 400 Hz 时的磁通密度只能取到 0.4 T。此外，变压器用的绝缘材料的耐压等级是一定的，低压变压器允许的工作电压不超过 300~500 V。所以在升频使用时，电源电压不能与频率成正比的增加，而只能适当地增加。

5）额定温升

变压器的额定温升是以环境温度 + 40 ℃ 作参考，规定在运行中允许变压器的温度超出参考环境的最大温升。

6）空载电流

空载电流是指变压器空载运行时，激磁电流占额定电流的百分数。

7）空载损耗

空载损耗是指变压器在空载运行时的有功功率损失，单位以瓦（W）或千瓦（kW）表示。

8）短路电压

变压器的短路电压也称阻抗电压，是指变压器一侧绕组短路，另一侧绕组达到额定电流时所施加的电压与额定电压的百分比。

9）短路损耗

变压器的短路损耗是指变压器一侧绕组短路，另一侧绕组施以电压使两侧绕组都达到额定电流时的有功损耗，单位以瓦（W）或千瓦（kW）表示。

10）联结组别

变压器的联结组别表示变压器原、副绕组的联结方式及线电压之间的相位差，以时钟表示。6~10 kV 配电变压器（二次侧电压为 220 V/380 V）有 Yyn0 和 Dyn11 两种常见的联结组。

变压器 Yyn0 联结组示意图如图 1-7 所示。其一次侧线电压与对应的二次侧线电压之间的相位关系，如同时钟在零点（12 点）时分针与时针的相互关系（图中一、二次绕组标"·"的端子为对应的"同名端"，即同极性端）。

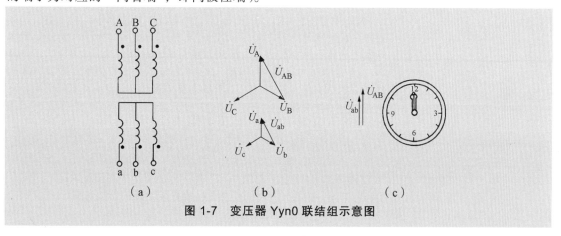

图 1-7　变压器 Yyn0 联结组示意图

变压器 Dyn11 联结组示意图如图 1-8 所示。其一次侧线电压与对应的二次侧线电压之间的相位关系，如同时钟在 11 点时分针与时针的相互关系。

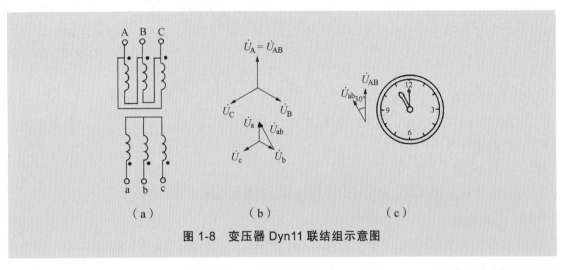

图 1-8　变压器 Dyn11 联结组示意图

我国过去基本上采用 Yyn0 联结的配电变压器。近 20 年来，Dy11 联结的配电变压器已得到推广应用。

1.2.5　变压器运行中常见的异常现象及其处理方法

变压器运行中常见的异常现象及其处理方法见表 1-1。

表 1-1　变压器运行中常见的异常现象及其处理方法

异常现象	判别	可能原因	处理方法
温度不正常	温度过高，温度指示不正确	① 过载； ② Yyn0 变压器三相负载不平衡； ③ 环境温度过高，通风不良； ④ 冷却系统故障； ⑤ 变压器断线，如三角形联结时，对外一相断线，对内绕组有环流通过，发生局部过载； ⑥ 漏油引起油量不足； ⑦ 变压器内部异常，如夹紧的螺栓松动，线圈短路、损坏，油质不足； ⑧ 温度计损坏	① 降低负载； ② 调整三相负载，要求中心线的电流不超过低压绕组额定电流的 25%； ③ 降低负载，强迫冷却； ④ 修复冷却系统； ⑤ 立即修复断线处； ⑥ 补油，处理漏油处； ⑦ 用感官、油实验等进行综合分析判断，然后再做处理和检修； ⑧ 核对温度计，将棒状温度计贴在变压器外壁上校核，若温度计损坏，应更换
不正常的响声、振动	用听音棒触到油箱上听内部发声情况，只要记住正常的励磁声和振动情况，便可区分异常声音和振动	① 电压过高或频率振动； ② 紧固部件松动； ③ 铁芯的紧固部件松动； ④ 铁芯叠片中缺片或多片； ⑤ 铁芯油道内或夹件下有未夹紧的自由端； ⑥ 分接开关的动作结构不正常；	① 把电压分接开关调到与负荷电压相适应的位置； ② 查清声音及振动的部件，加以紧固； ③ 检查并紧固紧固件； ④ 补片或抽片并夹紧铁芯； ⑤ 检查紧固件，加以紧固； ⑥ 检修分接开关；

续表

异常现象	判别	可能原因	处理方法
不正常的响声、振动	用听音棒触到油箱上听内部发声情况，只要记住正常的励磁声和振动情况，便可区分异常声音和振动	⑦ 冷却风扇、输油泵的轴承磨损； ⑧ 油箱、散热管附件共振； ⑨ 接地不良或未接地的金属部分静电放电； ⑩ 大功率晶闸管负荷引起高次谐波； ⑪ 电晕闪络放电声，如套管、绝缘子污脏或裂痕	⑦ 修理或换上备用品，若仍不能运行，则应降低负荷； ⑧ 检查电源频率，拧紧紧固部件； ⑨ 检查外部接地情况，如外部正常，则应进行内部检查； ⑩ 按高次谐波程度，有的可以照常使用，有的不能使用； ⑪ 清扫或更换套管和绝缘子
臭味、变色	① 温度过高； ② 导电部分、接线端子过热，引起变色、臭味	① 过负荷； ② 紧固螺钉松动，长时间过热，使接触器面氧化； ③ 涡流及漏磁通； ④ 电晕闪络放电或冷却风扇、输油泵烧毁；受潮	① 降低负荷； ② 修磨接触面，紧固螺钉； ③ 及早进行内部检修； ④ 清扫或更换套管和绝缘子；更换风扇或输油泵； ⑤ 更换新的干燥剂或作再生处理
渗、漏油	油位计的指示低于正常位置	① 密封垫圈未垫妥或老化； ② 焊接不良； ③ 瓷套管破损； ④ 油缓冲器磨损、隙缝增大，隔油构件破损； ⑤ 因内部故障引起喷油	① 重新垫妥或更换垫圈； ② 查出不良部位，重新焊好； ③ 更换套管，处理好密封件，紧固法兰部分； ④ 检修好油缓冲器； ⑤ 停用检修
异常气体	气体继电器的气体室内有无气体；气体继电器轻瓦斯动作	① 绝缘材料老化； ② 铁芯不正常； ③ 导电部分局部过热； ④ 误动作； ⑤ 密封件老化； ⑥ 管道及管道接头松动	①～④ 采集气体分析后再作处理； ⑤ 更换密封件； ⑥ 检修管道及管道接头
套管、绝缘子裂痕或破损	目测或用绝缘电阻表检查	外力损伤或过电压引起	根据裂痕的严重程度处理，必要时予以更换；检查避雷器是否良好
防爆装置不正常	防爆板龟裂、破损	① 内部故障（根据继电保护动作情况加以判断）； ② 吸湿器不能正常呼吸而使内部压力升高	① 停止运行，进行检测和检修； ② 疏通呼吸孔道

1.2.6　油浸式电力变压器的检修

变压器的检修分为大修和小修两大类，以吊芯（调出变压器额器身）与否为分界线。大修又称为吊芯检修，是将变压器的器身从油箱中吊出而进行的各项检修；小修又称为不掉芯检修，是将变压器停止运行，但不吊芯而进行的检修。

1. 变压器小修的周期与项目

变压器的小修周期是根据它的重要程度、运行环境、运行条件等因素来决定的。一般每年进行一次。运行于恶劣环境（严重污染、腐蚀及高原、高寒、高温）的变压器，可适当缩短小修周期。

变压器小修的项目如下：

① 处理已发现的缺陷。

② 检查导电排螺钉有无松动，铜铝接头是否良好，接头有无过热现象。若接头接触不良、接触面腐蚀或过热变黑，应修理或更换。

③ 检查套管有无裂痕和放电痕迹，并清扫灰尘、污垢。

④ 检查箱体结合处有无漏油痕迹。查出漏油处，可根据具体情况，更换密封垫或进行补焊。

⑤ 检查储油柜的油位是否正常，油位计是否正常。若变压器缺油，应补充到位。放掉储油柜积污器中的污油及水分。

⑥ 检查安全气道、防爆膜有无破裂，同时检查其密封性能。

⑦ 检查吸湿器内的干燥剂是否吸潮而失效。若已失效，应予以更新。

⑧ 检查气体继电器是否漏油、阀门的开闭是否灵活、动作是否正确可靠。

⑨ 控制电缆及继电器接线的绝缘是否良好。

⑩ 检修冷却装置，包括油泵、风扇、油流继电器、差压继电器等。

⑪ 检修测温装置，包括压力式温度计、电阻温度计等。

⑫ 检修调压装置、测量装置及控制箱，并进行调试。

⑬ 清扫油箱、散热片及附件，必要时应铲锈涂漆。

⑭ 检查地线是否完整、连接是否牢固，应没有腐蚀现象。

⑮ 测量高压对地、高压对低压、低压对地之间的绝缘电阻，以检查变压器的绝缘情况。

⑯ 测量每一分接头绕组的直流电阻，以检查接触情况和回路的完整性。

2. 变压器大修的周期与项目

正常运行的变压器，一般在投入运行的 5 年内和以后每间隔 10 年大修一次。当发现异常状况或经试验判明有内部故障时，应提前进行大修。

对于箱沿焊接的全密封闭式变压器，只有在实验中发现有问题，认为有必要时才进行大修。

变压器大修的项目如下：

① 大修前的各项试验及变压器油化化验工作。

② 吊开钟罩检修器身，或吊出器身检修。

③ 检修绕组、引线及磁电屏蔽装置。

④ 检修铁芯、铁芯紧固件（穿心螺杆、夹件、拉带、绑带等）、压钉、压板及接地片。

⑤ 检修油箱及附件，包括套管、吸湿器等。

⑥ 检修冷却器、油泵、水泵、风扇、阀门、管道等附属设备。

⑦ 检修安全保护装置。

⑧ 检修油保护装置。

⑨ 校验测温装置。

⑩ 检修和试验操作控制箱。

⑪ 检修无励磁分接开关或有载调压分接开关。

⑫ 更换全部密封胶垫和组件试漏。

⑬ 必要时对器身绝缘进行干燥处理。

⑭ 滤油或换油。

⑮ 箱体内部清理及涂漆。

⑯ 变压器总装配。

⑰ 进行规定的测量和试验。

3. 变压器绕组的检修

① 检查绕组表面是否清洁。绕组绝缘层应完整、无缺损，绝缘电阻应符合要求。绕组线匝表面如有破损裸露导线处，应进行包扎处理。

② 检查绕组有无变形和位移。各相绕组应排列整齐，间隙均匀。整个绕组应无倾斜、位移，导线辐向无明显弹出现象，如有变形应及时处理。

③ 检查油道有无绝缘、污垢或杂质（如硅胶粉末）堵塞现象。必要时可用软毛刷（或用绸布、泡沫塑料）轻轻擦拭。油道应保持畅通，无油垢及其他杂物积存。

④ 用手指按压绕组表面，检查其绝缘状态。

⑤ 检查相间隔板和围屏有无破损、变色、变形、放电痕迹。

思 考 题

1. 通过网络了解手机电源的组成及其变压器的选择。

模块 2　车床 CW6163 的电气控制分析及常见故障分析

➤　教学目标

1. 知识目标

（1）了解三相交流异步电动机的结构、工作原理、用途及类型；

（2）熟悉常用电动机的铭牌；

（3）理解三相异步电动机点动、自锁、多地多条件控制线路的工作原理；

（4）熟悉常用低压电器的名称、种类、规格、构造、用途、工作原理、图形符号与文字符号；

（5）熟悉 CW6163 机床控制线路的工作原理。

2. 技能目标

（1）能使用、检测和维护常用三相交流异步电动机；

（2）能选用常用低压电器；

（3）能熟练使用常用工具仪表；

（4）能读懂简单的电气控制图纸；

（5）具有中等难度电气控制系统设计装调能力；

（6）能诊断常用机床的电气故障；

（7）具备查阅专业标准专业资料的能力。

➤　中华人民共和国人社部维修电工国家职业标准

（1）鉴定工种：中级维修电工。

（2）技能鉴定点见下表。

序号	鉴定代码				鉴定内容
	章	节	目	点	
1	2	2	1	2	常用变压器与异步电动机
2	2	2	1	3	常用低压电器
3	2	2	1	7	电工读图的基本知识
4	2	2	1	8	一般生产设备的基本电气控制线路
5	2	2	1	10	常用工具（包括专用工具）、量具和仪表
6	2	2	1	11	供电和用电的一般知识

任务 2.1　车床 CW6163 的结构及电气控制

普通车床是一种应用极为广泛的金属切削机床，主要用来车削外圆、端面、内圆、螺纹和定型面，也可用于钻头、绞刀、镗刀等的加工。

1. 普通车床的主要结构与运动形式

普通车床主要由床身、主轴变速箱、挂轮箱、进给箱、溜板箱、溜板与刀架、尾架、光杆和丝杆等部分组成，如图 2-1 所示。

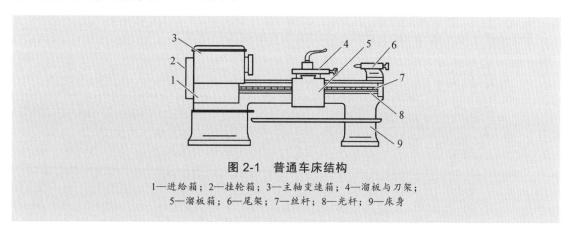

图 2-1　普通车床结构

1—进给箱；2—挂轮箱；3—主轴变速箱；4—溜板与刀架；
5—溜板箱；6—尾架；7—丝杆；8—光杆；9—床身

为了加工各种旋转表面，车床必须具有切削运动和辅助运动。切削运动包括主运动和进给运动，而除此之外的所有运动都称之为辅助运动。

车床的主运动为工件的旋转运动。它由主轴通过卡盘或顶针带动工件旋转，承受车削加工时的主要切削功率。车削加工时，应根据被加工零件的材料性质、工件尺寸、刀具几何参数、加工方式以及冷却条件来选择切削速度，这就要求主轴能在较大范围内实现调速，普通车床一般采用机械调速。车削加工时，一般不要求主轴反转，但在加工螺纹时，为避免乱扣，要求反向退刀，再纵向进刀继续加工，这时就要求主轴能实现正、反转。主轴的旋转由主轴电动机经传动机构来拖动。

车床的进给运动是指刀架的横向或纵向直线运动。其运动方式有手动和机动两种。加工螺纹时，工件的旋转和刀具的移动之间有严格的比例关系，所以主运动和进给运动采用同一台电动机来拖动。车床主轴箱输出轴经挂轮箱传给进给箱，再经丝杆传入溜板箱，以获得纵横两个方向的进给运动。

车床的辅助运动是指刀架的快速移动及工件夹紧与放松。

CW6163 型车床的电路中，备有快速移动电机，能拖动拖板、刀架快速移动，因此设备相应的控制电路，拖板、刀架的移动方向改变，均是由机械装置来完成。

2. 车床的电力拖动及控制要求

从车床加工工艺出发，对中小型车床的拖动及控制有如下要求：

（1）为保证经济、可靠，主拖动电动机一般选用笼型异步电动机。为满足调速范围的要求，一般采用机械变速。

（2）主轴电动机的启动、停止应能实现自动控制。一般中小型车床均采用直接启动，当电动机容量较大时，常用 Y-△ 降压启动；为了实现快速停车，一般采用机械或电气制动。

（3）为了车削螺纹，要求主轴能正、反转。小型车床主轴正、反转由主拖动电动机正、反转来实现；当主拖动电动机容量较大时，主轴正、反转常用电磁摩擦离合器来实现。

（4）为了冷却车削加工时的刀具与工件，应设有一台冷却泵。冷却泵只需单向旋转，且与主轴电动机有着联锁关系。

（5）控制电路应设有必要的安全保护及安全可靠的局部照明。

3. 车床 CW6163B 的电气原理图

图 2-2 所示为 CW6163B 型普通车床的电气控制线路原理图。

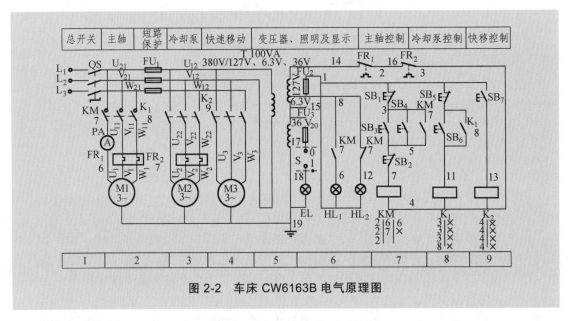

图 2-2　车床 CW6163B 电气原理图

下面先介绍读懂车床 CW6163B 电气原理图所需的相关知识。

任务 2.2　三相交流异步电动机的拆装

电动机是利用电磁感应原理，将电能转换为机械能的装置。根据电动机使用的电源种类不同，常用的电动机可分为交流电动机和直流电动机两大类。交流电动机按所使用的电源相数不同，可分为单相电动机和三相电动机。其中，三相电动机又分为同步电动机和异步电动机，异步电动机按转子结构不同还可以分为笼式和绕线式两种。

三相交流异步电动机具有结构简单、工作可靠、启动容易、使用维护方便、成本较低等优点，在工农业生产和生活各个方面都得到了广泛应用。三相交流异步电动机按转子结构有笼式和绕线式两类。

2.2.1　三相交流异步电动机的结构

一、笼式异步电动机的结构

笼式异步电动机主要由静止部分和转动部分两大部分组成，其结构如图 2-3 所示。

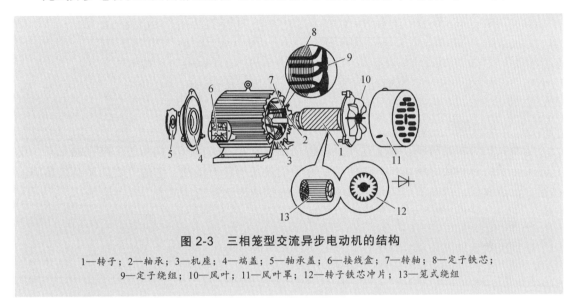

图 2-3　三相笼型交流异步电动机的结构

1—转子；2—轴承；3—机座；4—端盖；5—轴承盖；6—接线盒；7—转轴；8—定子铁芯；
9—定子绕组；10—风叶；11—风叶罩；12—转子铁芯冲片；13—笼式绕组

1. 静止部分

电动机的静止部分由定子铁芯、定子绕组、机座、端盖、轴承等部件组成。

1）定子铁芯

定子铁芯的作用是形成电动机的磁路和安放定子绕组。为了减小涡流和磁滞损耗，定子铁芯一般采用厚度为 0.35 ~ 0.5 mm、表面涂绝缘漆的硅钢片冲制、叠压而成，如图 2-4 所示。硅钢片内圆周上冲有均匀分布的槽孔，用以嵌放定子三相绕组。

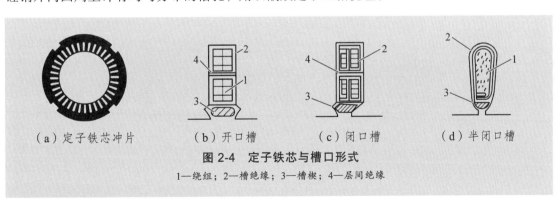

（a）定子铁芯冲片　　（b）开口槽　　（c）闭口槽　　（d）半闭口槽

图 2-4　定子铁芯与槽口形式

1—绕组；2—槽绝缘；3—槽楔；4—层间绝缘

2）定子绕组

定子绕组由三相对称绕组组成，其作用是产生旋转磁场。三相绕组按照一定的空间角度嵌放在定子槽内，并与铁芯间绝缘。每相绕组的首端和尾端分别用 U_1，V_1，W_1 和 U_2，V_2，

W_2 表示，通常将三相绕组的 6 个端子引入接线盒内，与接线柱相连，如图 2-5 所示。三相对称定子绕组根据需要既可以接成星形，也可以接成三角形。

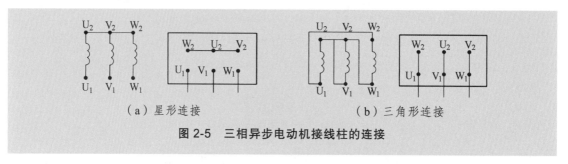

（a）星形连接　　　　　　　　　　　　（b）三角形连接

图 2-5　三相异步电动机接线柱的连接

3）端盖和机座

端盖装在机座的两侧，起支撑转子的作用。机座的主要作用是作为整个电机的支架，用它固定定子铁芯和定子绕组，并以前、后两个端盖支承转子转轴。它的外表面铸有散热筋，以增加散热面积，提高散热效果。机座通常用铸铁或铸钢铸造而成。

2. 转动部分

电动机的旋转部分称为转子，它由转子铁芯、转子绕组、转轴、风叶等组成。

1）转子铁芯

转子铁芯是电动机磁路的一部分，并用于放置转子绕组，一般用厚度为 0.5 mm 的硅钢片冲制、叠压而成。硅钢片外圆冲有均匀分布的槽孔，用来安置转子绕组。

2）转子绕组

转子绕组的作用是产生感应电流，形成电磁转矩，实现电能与机械能的转换。笼式绕组是由转子铁芯槽里嵌放的裸铜条或裸铝条，两端用端环连接而构成的。小型笼式电动机一般用的是铸铝转子，即用熔化的铝液浇铸在转子铁芯上制成，而且导条和端环是一次浇铸出来的，如图 2-6 所示。

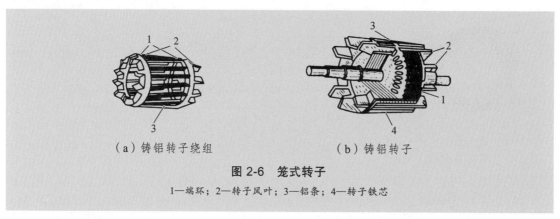

（a）铸铝转子绕组　　　　　　　　　　（b）铸铝转子

图 2-6　笼式转子

1—端环；2—转子风叶；3—铝条；4—转子铁芯

3）转轴和风叶

转轴的作用是支持转子铁芯和输出转矩，它必须具有足够的刚度和强度，以保证负载时气隙均匀及转轴本身不致断裂。转轴一般用中碳钢或合金钢制成。风叶的作用是强迫电动机内的空气流动，将内部的热量带走，加强散热。

3. 气　隙

异步电动机定子、转子之间有一个很小的间隙，称为气隙。气隙是电动机磁路的一部分。当气隙大时，磁阻就大，励磁电流也大，使电动机运行时的功率因数降低；但气隙不能太小，否则会使电动机装配困难，且运行不可靠。一般中、小型异步电动机转子与定子间气隙为 0.2～1.5 mm。

4. 其他附件

（1）轴承：轴承的作用是连接转动部分与静止部分，一般采用滚动轴承以减少摩擦。
（2）轴承端盖：轴承端盖的作用是保护轴承，使轴承内的润滑油不致溢出。
（3）风叶罩：风叶罩保护风叶，同时起安全防护作用。

二、绕线式异步电动机的结构

绕线式异步电动机的定子结构与笼式异步电动机的完全一样，但其转子绕组与笼式异步电动机的转子绕组不同，如图 2-7 所示。绕线式异步电动机的转子绕组与定子绕组相似，用绝缘的导线绕制成三相对称绕组，而且其磁极数也与定子绕组相同。三相转子绕组一般接成星形，每相绕组的首端引出线接到固定在转轴上的 3 个铜制集电环上。环与环、环与转轴间相互绝缘，绕组通过集电环、电刷与变阻器连接，构成转子的闭合回路，如图 2-8 所示。

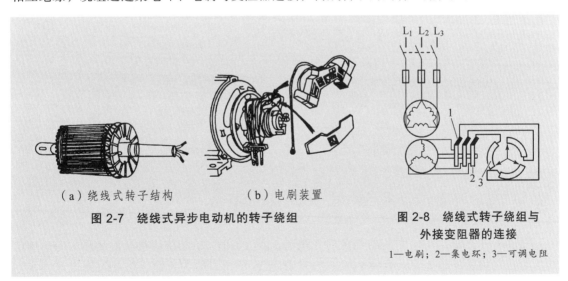

（a）绕线式转子结构　　　　（b）电刷装置
图 2-7　绕线式异步电动机的转子绕组

**图 2-8　绕线式转子绕组与
外接变阻器的连接**
1—电刷；2—集电环；3—可调电阻

2.2.2　三相交流异步电动机的工作原理

三相交流异步电动机接上三相交流电源后就会自己转动起来。

一、旋转磁场

1. 旋转磁场的形成

由上述实验可知，笼式转子自行转动的先决条件之一是要有一个旋转磁场。所谓旋转磁场，是指磁场的轴线位置随时间而旋转的磁场。当电动机的定子绕组通入三相交变电流时，该电流就会在定子绕组中产生旋转磁场。那么，旋转磁场是如何形成的呢？下面以两极电动机为例来分析。在两极定子绕组的笼式电动机中，三相对称的绕组为 U_1-U_2，V_1-V_2，W_1-W_2，它们在定子中的位置如图 2-9（a）所示；把它们联结成星形，如图 2-9（b）所示。当定子绕组的 3 个首端 U_1，V_1，W_1 与三相交流电源接通时，定子绕组中有对称的三相交流电流 i_U，i_V，i_W 流过。设三相交流电流分别为 $i_U = I_m \sin\omega t$，$i_V = I_m \sin(\omega t - 120°)$，$i_W = I_m \sin(\omega t + 120°)$，则三相绕组电流的波形如图 2-9（c）所示。我们假定：电流的瞬时值为正时，电流从各绕组的首端流入，尾端流出；当电流为负值时，电流从各绕组的尾端流入，首端流出。电流流入端在图中用"○"表示，电流流出端在图中用"⊙"表示。下面按此规定以图 2-9（d）为例，分析不同时刻各绕组中电流和磁场方向。

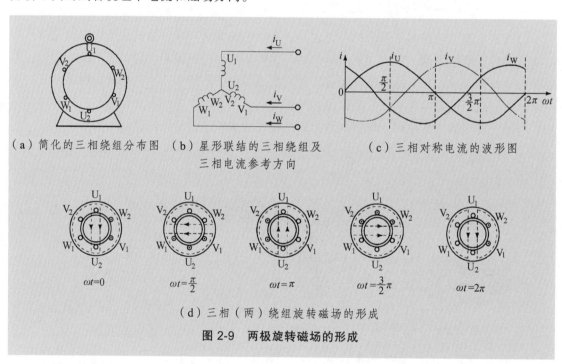

（a）简化的三相绕组分布图　（b）星形联结的三相绕组及　（c）三相对称电流的波形图
　　　　　　　　　　　　　　　三相电流参考方向

$\omega t = 0$　　　$\omega t = \dfrac{\pi}{2}$　　　$\omega t = \pi$　　　$\omega t = \dfrac{3}{2}\pi$　　　$\omega t = 2\pi$

（d）三相（两）绕组旋转磁场的形成

图 2-9　两极旋转磁场的形成

① $\omega t = 0$ 时，$i_U = 0$，U 相绕组此时无电流；i_V 为负值，V 相绕组电流的实际方向与规定的参考方向相反，即电流从尾端 V_2 流入、从首端 V_1 流出；i_W 为正值，W 相绕组电流的实际方向与规定的参考方向一致，即电流从首端 W_1 流入、从尾端 W_2 流出。根据右手定则可以确定在 $\omega t = 0$ 时刻的合成磁场方向。这时的合成磁场是一对磁极，磁场方向与纵轴轴线方向一致，上边是 N 极，下边是 S 极。

② $\omega t = \pi/2$ 时，i_U 由 0 变为正最大值，电流从首端 U_1 流入、从尾端 U_2 流出；V 相绕组电流的实际方向与规定的参考方向相反，即电流从尾端 V_2 流入、从首端 V_1 流出；i_W 变为负

值，电流从尾端 W_2 流入、从首端 W_1 流出。根据右手定则可以确定 $\omega t = \pi/2$ 时刻的合成磁场方向。这时的合成磁场是一对磁极，磁场方向与横轴轴线方向一致，左边是 N 极，右边是 S 极。可见磁场方向和 $\omega t = 0$ 时刻比较，已按顺时针方向转过 90°。

③ 应用同样的分析方法，可画出 $\omega t = \pi$，$\omega t = 3\pi/2$，$\omega t = 2\pi$ 时的合成磁场。由合成磁场的轴线在不同时刻的不同位置可见，磁场逐步按顺时针方向旋转，当正弦交流电变化一周时，合成磁场在空间也正好旋转一周。由此可见，对称三相电流 i_U，i_V，i_W 分别通入对称三相绕组 U_1-U_2，V_1-V_2，W_1-W_2 后，形成的合成磁场是一个旋转磁场。

2. 旋转磁场的转速

（1）当 $p = 1$ 时，磁场的转速一个 N 极和一个 S 极为一对磁极，磁极对数用 p 表示。由上面分析可知，当旋转磁场只有一对磁极即 $p = 1$ 时，三相交流电变化一次，旋转磁场在空间也正好旋转一周。我国交流电源的频率 $f = 50$ Hz，故在两极电动机中旋转磁场的转速 $n_1 = 60f = 60 \times 50$ r/min $= 3\ 000$ r/min。

（2）当 $p = 2$ 时，磁场的转速四极三相交流异步电动机定子绕组的数量增加了 1 倍，每相由 2 个绕组组成，如图 2-10（a）、（b）所示。U 相绕组由 U_1-U_2 与 U_1'-U_2' 串联组成，V 相绕组由 V_1-V_2 与 $V_1'-V_2'$ 串联组成，W 相绕组由 W_1-W_2 与 $W_1'-W_2'$ 串联组成。向这 6 个线圈通入三相交流电 i_U，i_V，i_W 时，分别画出 $\omega t = 0$，$\omega t = \pi/2$，$\omega t = \pi$，$\omega t = 3\pi/2$，$\omega t = 2\pi$ 时刻的合成磁场，如图 2-10（d）所示。从图中可以看出，该合成磁场有 2 对磁极，即 $p = 2$。当三相交流电变化一周时，4 极电动机的合成磁场只旋转了半圈，故在 4 极电动机中旋转磁场的转速等于 2 极电动机中旋转磁场转速的一半，即 $n_1 = 60f / 2 = 60 \times 50/2$ r/min $= 1\ 500$ r/min。

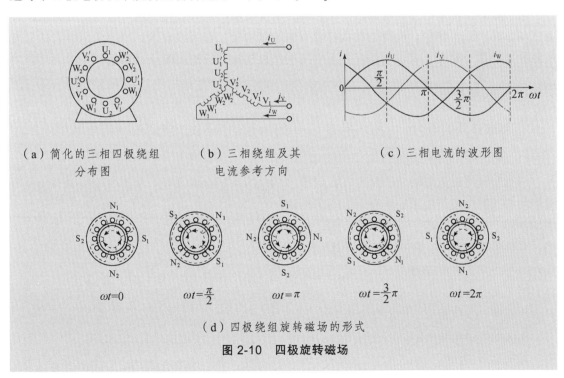

（a）简化的三相四极绕组　　　　（b）三相绕组及其　　　　（c）三相电流的波形图
　　　分布图　　　　　　　　　　电流参考方向

$\omega t = 0$　　　　$\omega t = \dfrac{\pi}{2}$　　　　$\omega t = \pi$　　　　$\omega t = \dfrac{3}{2}\pi$　　　　$\omega t = 2\pi$

（d）四极绕组旋转磁场的形式

图 2-10　四极旋转磁场

（3）磁极对数为 p 时，磁场的转速。

当三相交流异步电动机的磁极对数为 p 时，三相交流电变化一个周期，其旋转磁场就在空间转过 $1/p$ 圈。因此，旋转磁场的转速 n_1 与三相交流电的频率 f_1 及磁极对数 p 之间的关系为

$$n_1 = \frac{60 f_1}{p} \tag{2-1}$$

旋转磁场的转速 n_1 也称为同步转速。

【例 2-1】 已知加在电动机上的交流电源频率为 $f_1 = 50$ Hz，求 Y100L2-4 型三相交流异步电动机的同步转速 n_1。

解： 型号的最后一位数字"4"表示该电动机的磁极极数 $2p = 4$，故磁极对数 $p = 2$。

所以 $n_1 = \dfrac{60 f_1}{p} = 60 \times \dfrac{50}{2} = 1\,500$（r/min）

3. 旋转磁场的旋转方向

磁场的旋转方向与定子绕组中三相电流相序的排列方向有关，从图 2-9 可以看出，将定子 U 相绕组接电源 U 相，V 相绕组接电源 V 相，W 相绕组接电源 W 相，定子绕组中三相电流的相序 U→V→W 按顺时针方向排列，磁场顺时针旋转。若将定子绕组与电源的连接导线中任意两条对调，如保持定子 U 相绕组接电源 U 相，而 V 相绕组接电源 W 相，W 相绕组接电源 V 相，则定子绕组三相电流的相序 U→V→W 按逆时针方向排列。按图 2-9 的分析方法，可判断磁场的旋转方向为逆时针。

电动机的转动方向与磁场旋转方向相同，改变磁场的旋转方向，就可以改变电动机的转动方向。在实际工作中，改变电动机转动方向的做法是：在接线盒内，将任意两接线柱上与电源连接的导线对调，或在电源开关上将与电动机连接的任意两条导线对调。

二、电磁转矩

1. 电磁转矩的概念

1）转　矩

三相交流电通入三相定子绕组，在定子、转子间的气隙中便产生了旋转磁场。该旋转磁场切割转子绕组，在转子绕组中产生感应电动势，并形成转子电流。载流的转子导体在定子旋转磁场作用下产生电磁力 F，而转子上处在异名磁极下的两根导体所受的电磁力 F 是一对大小相等、方向相反、作用在不同直线上的力，从而在电动机轴上形成了使转子转动的转矩，如图 2-11 所示。

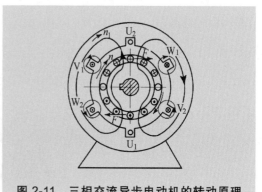

图 2-11　三相交流异步电动机的转动原理

2）电磁转矩

电动机轴上形成的转矩是电磁力产生的，因此也称为电磁转矩。电磁转矩驱动电动机旋转，并且使电动机的旋转方向与旋转磁场的旋转方向相同。

2. 转子中的感应电流及其方向

转子中的感应电流方向可用右手定则判断，如图 2-11 所示。

3. 转差和转差率

转子转速 n 与旋转磁场的转速 n_1 不可能相等，因为如果两者转速相等，那么转子与旋转磁场之间就没有相对运动了，转子导体就不能切割磁力线，转子导体中便不会产生感应电动势和电流，因而也不会有电磁力和电磁转矩驱动转子转动。于是，三相异步电动机转子转速就会自动变慢。因此，转子转速 n 与同步转速 n_1 之间总是保持着相对稳定的转速差，将这种电动机称为异步电动机。旋转磁场转速 n_1 与转子转速 n 之差称为转差。转差与旋转磁场转速 n_1 的比值，称为转差率，用 s 表示，即

$$s = \frac{n_1 - n}{n_1} \qquad\qquad (2\text{-}2)$$

转差率 s 是三相异步电动机的一个重要参数。当电动机启动瞬间，转子转速 $n = 0$，则 $s = 1$；转子转速越高，转差率越小。当转子转速等于同步转速时，$s = 0$。三相异步电动机的额定转速与同步转速相近，转差率很小，为 $0.02 \sim 0.007$。

【例 2-2】　一台三相异步电动机，定子绕组接到 50 Hz 的三相对称电源上，已知电动机正常运行的转速 $n = 960$ r/min，求该电动机的磁极对数 p 及转差率 s。

解：电动机正常运行时，转差率 s 是很小的，即转子转速 n 接近于旋转磁场转速 n_1。

由前面分析可知，异步电动机旋转磁场的转速为：$p = 1$ 时，$n_1 = 3\,000$ r/min；$p = 2$ 时，$n_1 = 1\,500$ r/min；$p = 3$ 时，$n_1 = 1\,000$ r/min；$p = 4$ 时，$n_1 = 750$ r/min。而与 $n = 960$ r/min 最接近的 n_1 应为 $1\,000$ r/min，于是该电动机的极对数为

$$p = 60 f_1 / n_1 = 60 \times 50 / 1\,000 = 3$$

即该电动机的旋转磁场为 3 对磁极。那么，转差率 s 为

$$s = \frac{n_1 - n}{n_1}$$

$$= \frac{1\,000 - 960}{1\,000} = 0.04$$

2.2.3　三相交流异步电动机的铭牌

要正确地选择和使用三相异步电动机，必须了解它的铭牌数据。在铭牌上，制造厂商简要地向使用者介绍了这台电动机的额定值和使用方法。图 2-12 所示为 Y160L-4 型三相异步电动机的铭牌。

三相异步电动机

型号	Y160L-4	接法	△
功率	15kW	工作方式	S_1
电压	380V	绝缘等级	B级
电流	29.7A	温升	75℃
转速	1450 r/min	重量	150kg
频率	50Hz		

编号

××电机厂　　出厂日期

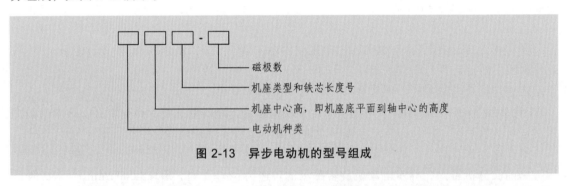

图 2-12　电动机铭牌

1. 型　号

型号是表示电动机的类型、结构、规格和性能的代号。Y 系列异步电动机的型号由 4 部分组成，如图 2-13 所示。

图 2-13　异步电动机的型号组成

如型号为 Y100L2-4 的电动机：Y 表示笼式异步电动机；100 表示机座中心高为 100 mm；L2 表示长机座（而 M 表示中机座，S 表示短机座），铁芯长度号为 2；4 表示磁极数为 4 极。

2. 电　压

铭牌上标注的电压为额定电压，是电动机正常运行时，电源的线电压有效值。

3. 频　率

频率是指电动机使用的交流电源的频率，我国国标规定为 50 Hz。

4. 功　率

铭牌上标注的功率为额定功率，是电动机在额定条件下，即在额定电压、额定负载和规定的冷却条件下运行时，轴上输出的机械功率，单位为 kW。

5. 电　流

铭牌上标注的电流为额定电流，是指电动机在额定运行状态时，定子绕组线电流的有效值。当电动机标有两种额定电压时，应相应地标出两种额定电流。

6. 接 法

接法是电动机在额定电压下三相定子绕组应该采用的联结方式。Y 系列三相异步电动机额定功率为 4 kW 及以上时，均为三角形接法。若在铭牌上的电压标注为"380 V/220 V"，接法标注为"Y/△"，则表明在电源的线电压为 380 V 时，定子绕组应采用"Y"接法；电源线电压为 220 V 时，定子绕组应采用"△"接法。

7. 工作方式

三相异步电动机的工作方式一般分为 3 种：S_1 表示连续工作方式，允许在额定条件下长时间连续运行；S_2 表示短时间工作制，在额定条件下只能在规定时间内运行；S_3 表示断续工作制，在额定条件下以周期性间歇方式运行。

8. 绝缘等级

根据绝缘材料允许的最高温度，电动机的绝缘等级分为 Y、A、E、B、F、H、C 级，如表 2-1 所示。Y 系列三相异步电动机多采用 E、B 级绝缘。

表 2-1 绝缘材料的耐热等级

绝缘等级	Y	A	E	B	F	H	C
最高温度（℃）	90	105	120	130	155	180	>180

9. 温 升

温升是指电动机工作时，其绕组温度与周围环境温度的差。我国国标规定周围环境温度以 40 ℃ 为标准。电动机的允许温升与其所用的绝缘材料有关。

2.2.4 三相交流异步电动机的检查与测试（见表 2-2）

表 2-2 三相交流异步电动机的检查与测试

故障现象	故障原因	故障判断及处理方法
电动机运转时声音不正常	电动机缺相运行	检查断线处或接头松动点，重新装接
	电动机地脚螺栓松动	检查电动机地脚螺栓，重新调整并拧紧螺栓
	电动机定子、转子摩擦，气隙不均匀	更换新轴承或校正转子与定子之间的中心线
	风扇风罩或端盖间有异物	将电动机拆开，清除异物
	电动机部分紧固件松脱	检查紧固件，将松动的螺栓拧紧
	皮带松弛或损坏	调节皮带松紧度，更换损坏的皮带
电动机不能启动	未接通电源	检查接线点或接头松动处，重新装接
	带动的机械卡住	检查负载及机械部件，排除障碍物
	定子绕组断路	用万用表检查断点，重新装接后再使用
	轴承损坏，被卡住	检查轴承，更换新件
	控制线路接线错误	仔细核对控制设备接线图，对错点进行纠正

续表

故障现象	故障原因	故障判断	处理方法
电动机轴承发烫	皮带太紧		将皮带调松
	轴承腔内缺润滑油或轴承损坏或轴承内有杂物	用 120 mm 以上的螺丝刀,把其金属杆尖端部分触及电动机两端端盖部位,木柄尾端紧贴耳朵,启动电动机,若听见连续的"沙沙"声,则认为轴承缺油或已损坏或有杂物	清洗干净轴承,换上润滑脂或更换新轴承
	转轴大于轴承腔,装配过紧		更换新件或重新加工轴承腔
电动机启动后转速低及转矩小	将三角形联结误接成星形联结	打开电动机接线盒,查看绕组头尾的连接	检查接线并纠正
	绕组头尾接反	将电动机解体,取出转子,断开三相绕组的连接点,用 6 V 直流电源分别依次接到每相绕组的两端,再用指南针沿定子内圆移动。经过邻近极相组时,指南针的指针不发生变化,说明此绕组头尾接反	将此绕组头尾对调连接
	笼条断裂	将电动机解体,取出转子,用短路测试仪接通 36 V 交流电,放在转子铁芯槽口上沿转子圆周逐槽移动,若经某一槽口时电流明显下降,说明该处笼形断裂	重新铸造
通电不久后,电动机发热及冒烟	熔断器烧断一相或其他连接处断开一相,电动机缺相运行	用万用表电压挡测量主接触器上接线柱的三相交流电压,两两测量 3 个引出线,若只有一次测出电压,其余两次测不出电压,则说明已断相	找出断相点并排除
	定子绕组一相开路	打开电动机接线盒,用万用表电阻挡分别两两测量电源进线的 3 个引出线。若有两次或一次测量电阻很大,则说明绕组开路	检查修理电动机
	电动机过载	用钳形电流表测量电动机的电流,若实测电流超过铭牌上的额定电流,则说明过载	减载或更换电动机
	电源电压过低	用万用表电压挡测量三相电源电压,如实测电压低于铭牌上的额定电压的15%,则说明电压过低	提高电源电压
	定子绕组相间短路	打开电动机接线盒,拆开三角形或星形联结,用绝缘电阻表分别测量两相绕组间的绝缘电阻,若绝缘电阻很小,则说明该两相间短路	检查或更换新电动机
	定子绕组匝间短路	用短路测试仪检查绕组匝间电流,若此值过大则说明短路	检查或更换新电动机
	定子绕组对地短路	用绝缘电阻表测量绕组与地间的绝缘电阻,若电阻值低于 0.2 MΩ,则说明绕组与地之间短路	检查或更换新电动机
	通风散热不好		检查风扇通风道

任务 2.3 三相笼型异步电动机点动电路的实现、安装与调试

2.3.1 点动控制电路的安装与调试

1. 目 的

（1）能正确识别、选配和安装刀开关、熔断器、接触器、按钮。

（2）能对电动机点动控制电路进行装配和调试。

2. 工具及器材

所需工具及器材见表 2-3。

表 2-3 工具及器材

符号	名称	型号与规格	单位	数量
1	三相交流电源	AC 3X380 V	处	1
2	工具	万用表、螺丝刀、尖嘴钳、剥线钳等	套	1
3	低压开关	隔离开关	只	1
4	熔断器	RT 系列	个	5
5	按钮	LA1-3 H	个	1
6	接触器	CJX 系列（线圈电压 380 V）	个	1
7	电动机	笼型电动机	台	1
8	导线	BVR 1.5 mm^2 塑铜线		若干
9	实验电路安装板		个	1

3. 操作步骤

（1）检查所有的电器元件。电器元件应完好无损，各项技术指标符合要求。

（2）按图 2-14 所示，在实验电路安装板上安装电器元件，并贴上标签。

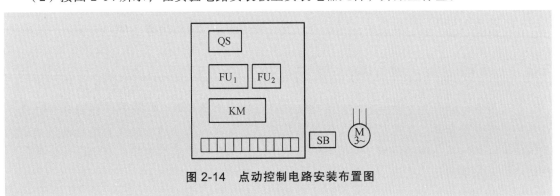

图 2-14 点动控制电路安装布置图

（3）按图 2-15 所示接线，接线时按先主电路后控制电路、从上到下、从左到右的顺序进行。做到布线整齐，横平竖直，分布均匀，走线合理；接点牢靠，不得压绝缘层，不露线芯太长等。

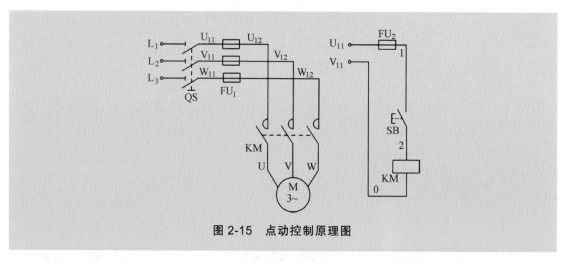

图 2-15　点动控制原理图

（4）安装完毕，必须认真检查后才能通电。检查方法如下：

① 对照接线图进行检查。从电源开始，核对接线，检查导线接点是否牢靠。

② 用万用表进行通断检查。

先检查主电路，此时断开控制回路。万用表置于欧姆挡，将表笔分别放在 U_{11}-V_{11}、V_{11}-W_{11}、W_{11}-U_{11} 端线上，读数应接近 0；人为吸合接触器 KM，再将用表笔分别放在 U_{11}-V_{11}、V_{11}-W_{11}、W_{11}-U_{11} 端线上，读数应为电动机绕组阻值（电动机为三角形接法）。

检查控制回路，此时断开主电路。万用表置于欧姆挡，将表笔分别放在 U_{11}-V_{11} 端线上，读数应为无穷大；按下 SB，读数应为接触器 KM 线圈的电阻值。

（5）在老师的监护下通电试车。合上开关 QS，按下按钮 SB，观察接触器是否吸合，电动机是否动作。如遇异常现象，应立即停车并检查故障。

（6）试车完毕，应切断电源。

4．安全文明要求

（1）通电试运转时应按电工安全要求操作，未经指导教师同意，不得通电。

（2）要节约导线材料（尽量利用使用过的导线）。

（3）操作时应保持工位整洁，完成全部操作后应马上把工位清理干净。

2.3.2　点动控制电路结构及原理分析

电气控制电路分为主电路和控制电路两部分。控制电路均由一些典型的控制环节组成，这些控制环节所指的就是控制电路设计的基本规律。由这些基本规律组成的控制电路，加上电气保护环节与其他辅助环节，构成电气控制电路。掌握这些基本规律，对于设计分析电气控制电路至关重要。

　　电气控制电路设计的基本规律有两大类：电气联锁控制规律和控制过程变化参量控制规律。

　　电气联锁在电路图中的广泛含义是指各电器元件之间相互联系、相互制约的关系。

　　电气联锁控制规律主要有：点动规律、自锁规律、互锁规律、先决条件制约规律、选择性联锁规律和多地多条件控制规律。

　　控制过程变化参量的控制规律主要有：时间原则控制规律、行程原则控制规律、速度原则控制规律、电流原则控制规律，以及其他如温度、压力、流量等变化物理量的控制规律等。

　　接触器（继电器）线圈阶跃性的得电与断电称为点动控制。

　　在点动控制过程中，需要用到电器器件，下面首先介绍相关电器器件。

一、相关知识

（一）电器的分类

　　电器是接通和断开电路或调节、控制和保护电路及电气设备的电工器具。电器的功能多，用途广，品种规格繁多，为了系统地掌握，必须加以分类。

1. 按工作电压等级分类

　　（1）高压电器：用于交流电压 1 200 V、直流电压 1 500 V 及以上电路中的电器，例如高压断路器、高压隔离开关、高压熔断器等。

　　（2）低压电器：用于交流 50 Hz（或 60 Hz）额定电压 1 200 V 以下、直流额定电压 1 500 V 以下的电路内起通断、保护、控制或调节作用的电器，例如接触器、继电器等。

2. 按动作原理分类

　　（1）手动电器：人手操作发出动作指令的电器，例如刀开关、按钮等。

　　（2）自动电器：产生电磁吸力而自动完成动作指令的电器，例如接触器、继电器、电磁阀等。

3. 按用途分类

　　（1）控制电器：用于各种控制电路和控制系统的电器，例如接触器、继电器、电动机启动器等。

　　（2）配电电器：用于电能的输送和分配的电器，例如高压断路器。

　　（3）主令电器：用于自动控制系统中发送动作指令的电器，例如按钮、转换开关等。

　　（4）保护电器：用于保护电路及用电设备的电器，例如熔断器、热继电器等。

　　（5）执行电器：用于完成某种动作或传送功能的电器，例如电磁铁、电磁离合器等。

　　对于某个电器而言，有些可能具有几种功能。

（二）刀开关

1. 刀开关的用途

　　刀开关俗称闸刀开关，是一种结构简单、应用十分广泛的手动电器，主要用来接通或断开电路。一些刀开关还具有短路保护功能。

2. 刀开关的分类

按极数可分为：单极、双极和三极。

按结构可分为：平板式和条架式。

按操作可分为：直接手柄操作式、杠杆操作机构式、旋转操作式和电动操作机构式。

按转换方式可分为：单投和双投。

按工作条件和用途可分为：封闭式负荷开关、开启式负荷开关等。

各类刀开关实物如图 2-16 所示。

（a）封闭式负荷开关　　　　（b）开启式双投负荷开关

图 2-16　各类刀开关

（1）封闭式负荷开关：封闭式负荷开关俗称铁壳开关，是由刀开关、熔断器、速断弹簧等组成，并装在金属壳内，其结构如图 2-17 所示。开关采用侧面手柄操作，并设有机械联锁装置，使箱盖打开时不能合闸；刀开关合闸时，箱盖不能打开，从而保证了用电安全。手柄与底座间的速断弹簧使开关通断动作迅速，灭弧性能好。封闭式负荷开关能工作于粉尘飞扬的场所。

（2）开启式负荷开关：开启式负荷开关俗称胶盖闸刀开关，是由刀开关和熔丝组合而成的一种电器，其外形和内部结构如图 2-18 所示。刀开关作为手动不频繁地接通和分断电路用，熔丝作为保护用。刀开关结构简单，使用维修方便，价格便宜，在小容量电动机中得到广泛应用。

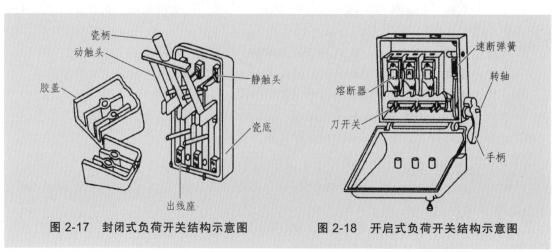

图 2-17　封闭式负荷开关结构示意图　　　　图 2-18　开启式负荷开关结构示意图

3. 刀开关的主要技术参数

额定电压：在规定条件下，长期工作中能承受的电压称为额定电压。目前国内生产的刀开关的额定电压一般为交流 500 V 以下，直流 440 V 以下。

额定电流：在规定条件下，合闸位置允许长期通过的最大工作电流称为额定电流。目前生产的大电流刀开关的额定电流一般分 100、200、400、600、1000、1500A 六级。小电流刀开关的额定电流一般分 10、15、20、30、60A 五级。

4. 刀开关的图形符号、文字符号及型号含义

刀开关的图形符号、文字符号如图 2-19 所示，型号含义如图 2-20 所示。

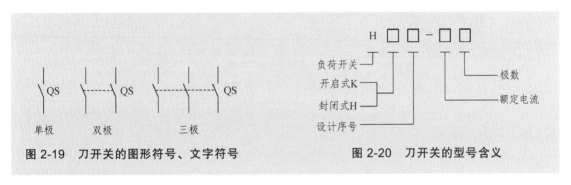

图 2-19　刀开关的图形符号、文字符号　　　　图 2-20　刀开关的型号含义

5. 刀开关的选用原则

刀开关选用时，其额定电压应等于或大于电路的额定电压。其额定电流应等于或稍大于电路工作电流。若用刀开关控制电动机，则必须考虑电动机的启动电流比较大，应选用比额定电流大一级的刀开关。

（三）熔断器

熔断器是一种简单而有效的保护电器，在电路中主要起短路保护作用。

熔断器主要由熔体和安装熔体的绝缘管（绝缘座）组成。使用时，熔体串接于被保护的电路中，当电路发生短路故障时，熔体被瞬时熔断而分断电路，从而起到保护作用。熔断器实物图如图 2-21 所示。

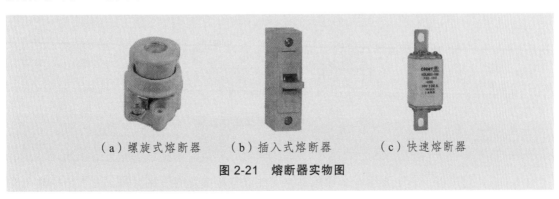

（a）螺旋式熔断器　　　（b）插入式熔断器　　　（c）快速熔断器

图 2-21　熔断器实物图

1. 常用的熔断器

（1）插入式熔断器：结构如图2-22所示，它常用于低压分支电路的短路保护。

（2）螺旋式熔断器：如图2-23所示，螺旋式熔断器熔体的上端盖有一熔断指示器，一旦熔体熔断，指示器马上弹出，可透过瓷帽上的玻璃孔观察到，它常用于机床电气控制设备中。

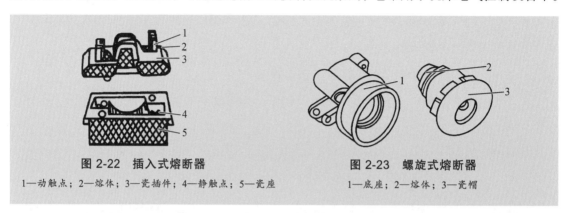

图2-22　插入式熔断器

1—动触点；2—熔体；3—瓷插件；4—静触点；5—瓷座

图2-23　螺旋式熔断器

1—底座；2—熔体；3—瓷帽

（3）无填料封闭管式熔断器：如图2-24所示，它常用于低压电力网或成套配电设备中。

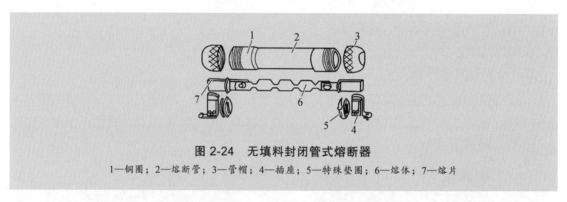

图2-24　无填料封闭管式熔断器

1—铜圈；2—熔断管；3—管帽；4—插座；5—特殊垫圈；6—熔体；7—熔片

（4）有填料封闭管式熔断器：如图2-25所示，这种熔断器的绝缘管内装有石英砂作填料，用来冷却和熄灭电弧，它常用于大容量的电力网或配套设备中。

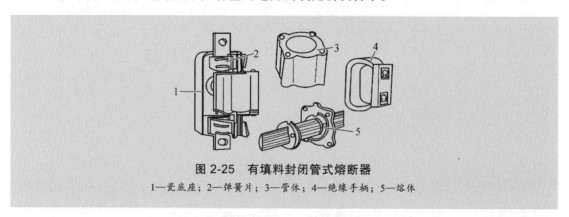

图2-25　有填料封闭管式熔断器

1—瓷底座；2—弹簧片；3—管体；4—绝缘手柄；5—熔体

（5）快速熔断器：它主要用于半导体整流元件或整流装置的短路保护。由于半导体元件的过载能力很低，只能在极短时间内承受较大的过载电流，因此要求短路保护具有快速熔断的能力。快速熔断器的结构和有填料封闭式熔断器基本相同，但熔体材料和形状不同，它是以银片冲制的有 V 形深槽的变截面熔体。

快速熔断器的接线方式有三种：接入交流侧、接入整流桥臂和接入直流侧，如图 2-26 所示。

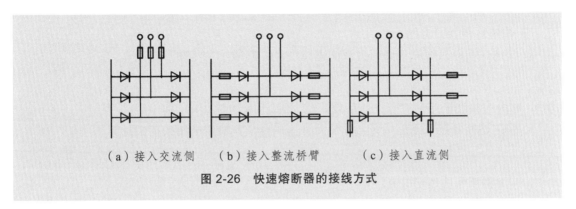

（a）接入交流侧　　（b）接入整流桥臂　　（c）接入直流侧

图 2-26　快速熔断器的接线方式

（6）自复熔断器：自复熔断器采用金属钠作熔体，在常温下具有高电导率。当电路发生短路故障时，短路电流产生高温使钠迅速气化，气态钠呈现高阻态，从而限制了短路电流。当短路电流消失后，温度下降，金属钠恢复原来的良好导电性能。自复熔断器只能限制短路电流，不能真正分段电路。其优点是不必更换熔体，能重复使用。

另外，我国还生产了一种熔断信号器，型号是 RX2-1000。它与熔断器并联，本身对电路不起保护作用，一旦熔体熔断，信号器随之立即动作，指示器以足够的力推动与之相联的微动开关，接通信号源报警或作用于其他开关电器的感测元件，使三级开关分断，防止电路的断相运行。

2. 熔断器的选用原则

熔断器用于不同性质的负载，其熔体额定电流的选用方法也不同。

（1）熔断器类型选择：其类型应根据电路的要求、使用场合和安装条件选择。

（2）熔断器额定电压的选择：其额定电压应大于或等于电路的工作电压。

（3）熔断器额定电流的选择：其额定电流必须大于或等于所装熔体的额定电流。

（4）熔体额定电流的选择：

① 对于电炉、照明等电阻性负载的短路保护，熔体的额定电流等于或稍大于电路的工作电流。

② 在配电系统中，通常有多级熔断器保护，发生短路故障时，远离电源端的前级熔断器应先熔断。所以一般后一级熔体的额定电流比前一级熔体的额定电流至少大一个等级，以防止熔断器越级熔断而扩大停电范围。

③ 保护单台电动机时，考虑到电动机受启动电流的冲击，熔断器的额定电流应按下式计算：

$$I_{RN} \geq (1.5 \sim 2.5)I_N$$

式中，I_{RN} 为熔体的额定电流；I_N 为电动机的额定电流。轻载启动或启动时间短时，系数可取

1.5；带重载启动或启动时间较长时，系数可取 2.5。

④ 保护多台电动机，熔断器的额定电流可按下式计算（当这些电动机不会同时启动时）：

$$I_{RN} \geqslant (1.5 \sim 2.5)I_{Nmax} + \sum I_N$$

式中，I_{Nmax} 为容量最大的一台电动机的额定电流；$\sum I_N$ 为其余电动机额定电流之和。

⑤ 快速熔断器的选用：

a. 快速熔断器接在交流侧或直流侧电路中时，其额定电流按下式计算：

$$I_{RN} \geqslant k_1 I$$

式中，k_1 为与整流电路形式有关的系数；I 为最大整流电流。

b. 快速熔断器接入整流桥臂与整流元件串联时，其额定电流按下式计算：

$$I_{RN} \geqslant 1.5 I_N$$

式中，I_N 为整流元件额定电流。

3. 熔断器的图形符号、文字符号及型号含义

熔断器的图形、文字符号如图 2-27 所示，型号表示的意义如图 2-28 所示。

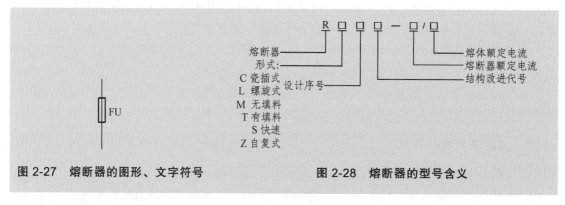

图 2-27　熔断器的图形、文字符号　　　　　图 2-28　熔断器的型号含义

（四）接触器

1. 接触器的用途

接触器是一种适用于低压配电系统中远距离控制、频繁操作交直流主电路及大容量控制电路的自动控制开关电器。主要应用于自动控制交直流电动机、电热设备、电容器组等设备，应用十分广泛。接触器具有强大的执行机构，其大容量的主触头有迅速熄灭电弧的能力。当系统发生故障时，接触器能根据故障检测元件所给出的动作信号，迅速、可靠地切断电源，并有失电压和欠电压释放功能。接触器与保护电器组合，还可以构成各种电磁启动器，用于电动机的控制与保护。

2. 接触器的分类

按操作方式分为：电磁接触器、气动接触器和电磁气动接触器。

按灭弧介质分为：空气电磁式接触器、油浸式接触器和真空接触器等。

按主触头控制的电流种类分为：交流接触器、直流接触器、切换电容接触器等。

3. 接触器的结构

接触器主要由电磁系统、触头系统、灭弧装置及其他部件组成。CJ20 系列交流接触器实物如图 2-29 所示，其外形如图 2-30 所示。

（a）CJ20 接触器   （b）CJ24 接触器

图 2-29 接触器实物图

图 2-30 CJ20 系列交流接触器外形

1—灭弧罩；2—触头压力弹簧片；3—主触头；4—反作用弹簧；5—线圈；6—短路环；7—静铁芯；
8—弹簧；9—动铁芯；10—动合辅助触头；11—动断辅助触头

1）电磁系统

电磁系统用来操作触头闭合与分断，它包括静铁芯、吸引线圈、动铁芯（衔铁）。

交流接触器铁芯用硅钢片叠成，以减少铁芯中的铁损耗。在铁芯端部极面上装有短路环，其作用是消除交流电磁铁在吸合时产生的振动和噪声。

直流接触器线圈中流过的是直流电流，铁芯中不会产生涡流，所以铁芯可用整块铸铁或铸钢制成，也不需要短路环。铁芯不发热，没有铁损。线圈匝数较多，电阻相对较大，电流流过时会发热。为了使线圈散热良好，一般将线圈绕制成长而薄的圆筒形。

2）触头系统

触头系统起接通和分断电路的作用。它包括主触头和辅助触头。通常主触头用于通断电流较大的主电路，辅助触头用于通断小电流的控制电路。触头的接触方式有点接触、线接触和面接触，如图 2-31 所示。

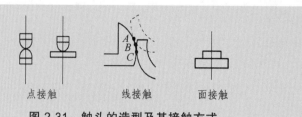

点接触　　　　　　线接触　　　　　　面接触

图 2-31　触头的造型及其接触方式

3）灭弧装置

灭弧装置起熄灭电弧的作用。接触器在分断较大电流电路时，往往会在动、静触头之间产生较强的电弧。电弧不仅会烧伤触头、延长电路分断时间，严重时还会造成相间短路。因此，在容量较大的接触器中，均加装灭弧装置。

接触器一般采用的灭弧方法有：利用触头回路产生的电动力灭弧、灭弧栅灭弧和磁吹式灭弧。

4）其他部件

主要包括复位弹簧、缓冲弹簧、触头压力弹簧、传动机构及外壳等。复位弹簧的作用是当线圈通电时，吸引衔铁将它压缩；当线圈断电时，其弹力使衔铁、动触头复位。缓冲弹簧的作用是缓冲衔铁在吸引时静铁芯和外壳的冲击碰撞力。触头压力弹簧用以增加动、静触头之间的压力，增大接触面积，减小接触电阻，避免触头由于压力不足造成接触不良而导致触头过热灼伤，甚至烧损。

4. 接触器的工作原理

接触器是利用电磁原理，通过控制电路的控制和动铁芯的运动来带动触头运动，从而控制主电路通断的，其动作原理如图 2-32 所示。当接触器线圈得电后，产生磁场将静铁芯磁化，吸引动铁芯向静铁芯运动。由于接触器的动触头与动铁芯连在一起，所以当动铁芯被静铁芯吸引向下运动时，动触头也随之向下运动并与静触头闭合，即动合触头闭合（动断触头这时断开），从而接通电路。反之，当接触器线圈失电后，磁场消失，动铁芯就会因电磁吸引力的消失，在复位弹簧的反作用力下释放，向上运动脱离静铁芯，并带动动触头与静触头分离，即动合触头断开（动断触头这时闭合），从而断开电路。当接触器线圈的电压低于一定值时，也会因电磁吸引力的不足而使其触头系统释放。

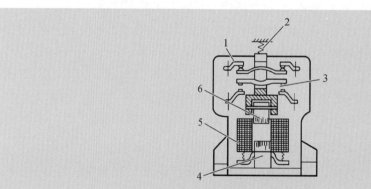

图 2-32　接触器动作原理示意图

1—动断触头；2—复位弹簧；3—动合触头；4—静铁芯；5—线圈；6—动铁芯（衔铁）

5. 接触器的主要技术参数

额定电压：在规定条件下，保证接触器主触头正常工作的电压值。通常，最大工作电压即为额定绝缘电压。一个接触器常常规定几个额定电压，如辅助触头及线圈的额定电压。

额定电流：在规定条件下，接触器主触头工作条件所决定的电流值。

动作值：能够保证接触器接通和释放的电压。即在接触器电磁线圈已发热稳定时，若加上 85% 额定电压，其衔铁应能完全可靠地吸合，无任何中途停滞现象；反之，若在工作中电网电压过低或突然消失，衔铁也应完全可靠地释放，不停顿地返回原位。

闭合与分断能力：主触头工作条件下所能可靠闭合和断开的电流值。在此电流下，闭合能力指触头闭合时，不会造成触头熔焊。分断能力指触头断开时，不产生飞弧和过分磨损而能可靠灭弧。

6. 接触器的图形符号、文字符号及型号含义

接触器的图形符号、文字符号如图 2-33 所示，型号含义如图 2-34 所示。

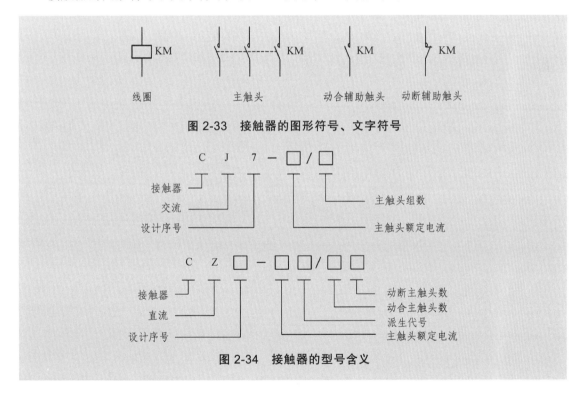

图 2-33　接触器的图形符号、文字符号

图 2-34　接触器的型号含义

7. 接触器的选用原则

（1）额定电压：接触器的额定电压是指主触头的额定电压，应等于负载的额定电压。通常电压等级分为交流接触器 380 V、660 V 及 1 140 V；直流接触器 220 V、440 V、660 V。

（2）额定电流：接触器的额定电流是指主触头的额定电流，应等于或稍大于负载的额定电流（按接触器设计时规定的使用类别来确定）。CJ20 系列交流接触器的额定电流等级有 10 A、16 A、32 A、55 A、80 A、125 A、200 A、315 A、400 A、630 A。C218 系列直流接触器的额定电流等级有 40 A、80 A、160 A、315 A、630 A、1 000 A。

（3）电磁线圈的额定电压：电磁线圈的额定电压等于控制回路的电源电压。通常电压等级分为交流线圈 36 V、127 V、220 V、380 V；直流线圈 24 V、48 V、110 V、220 V。

使用时，一般交流负载用交流接触器，直流负载用直流接触器，但对于频繁动作的交流负载，可选用带直流电磁线圈的交流接触器。

（4）触头数目：接触器的触头数目应能满足控制电路的要求。各种类型的接触器触头数目不同。常用交流接触器的主触头有 3 对（常开触头），一般有 4 对辅助触头，（2 对常开、2 对常闭），最多可达到 6 对（3 对常开、3 对常闭）。

直流接触器主触头一般有 2 对（常开触头）；辅助触头有 4 对（2 对常开、2 对常闭）。

（5）额定操作频率：接触器额定操作频率是指每小时接通次数。通常交流接触器为 600 次/h；直流接触器为 1 200 次/h。

（五）按　钮

按钮在低压控制电路中用于手动发出控制信号。按钮由按钮帽、复位弹簧、桥式触点和外壳等组成，如图 2-35 所示。

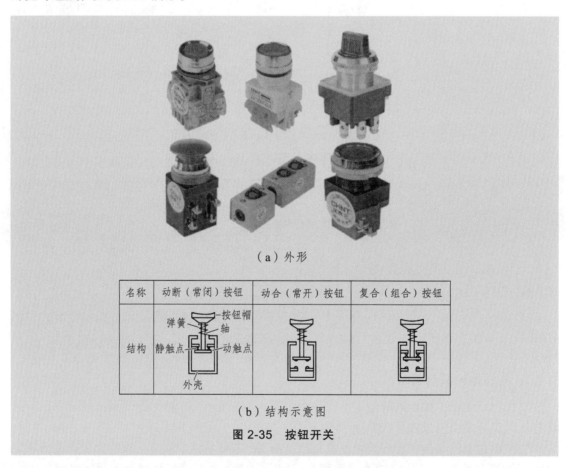

（a）外形

名称	动断（常闭）按钮	动合（常开）按钮	复合（组合）按钮
结构	弹簧　按钮帽 　　　轴 静触点　动触点 外壳		

（b）结构示意图

图 2-35　按钮开关

按钮按用途和结构的不同，分为启动按钮、停止按钮和复位按钮等。启动按钮带有常开触点，手指按下按钮帽，常开触点闭合；手指松开，常开触点复位。启动按钮的按钮帽采用绿色。停止按钮带有常闭触点，手指按下按钮帽，常闭触点断开；手指松开，常闭触点复位。

停止按钮的按钮帽采用红色。复合按钮带有常开触点和常闭触点，手指按下按钮帽，先断开常闭触点再闭合常开触点；手指松开，常开触点和常闭触点先后复位。

在机床电气设备中，常用的按钮有 LA-18、LA-19、LA-20、LA-25 系列。

按钮的图形、文字符号如图 2-36 所示。

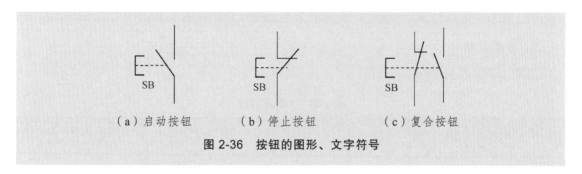

（a）启动按钮　　　　（b）停止按钮　　　　（c）复合按钮

图 2-36　按钮的图形、文字符号

二、点动控制电路分析

点动控制电路如图 2-37 所示。

启动：先合上电源开关 QS，按住按钮 SB→接触器 KM 线圈得电→KM 主触头闭合→电动机 M 启动运转。

停止：松开按钮 SB→接触器 KM 线圈失电→KM 主触头断开→电动机 M 失电停转。

停止使用时，断开电源开关 QS。

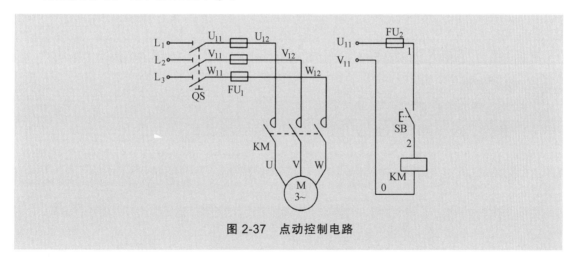

图 2-37　点动控制电路

任务 2.4　三相笼型异步电动机自锁电路的实现、安装与调试

在生产过程中，常常要求电动机能够长时间连续运行，点动控制显然不能满足这种生产要求，因而需要具有连续功能的电路。连续功能是指启动信号消失后，线圈持续得电。实现连续运行的典型方法是采用接触器或继电器的常开触头与启动条件并联。

2.4.1 自锁控制电路的安装与调试

1. 目的

（1）能正确识别、选配和安装热继电器。

（2）能对具有过载保护的电动机自锁控制电路进行装配和调试。

2. 工具及器材

所需工具及器材如表 2-4 所示。

表 2-4　工具及器材

符号	名称	型号与规格	单位	数量
1	三相交流电源	AC 3X380 V	处	1
2	工具	万用表、螺丝刀、尖嘴钳、剥线钳等	套	1
3	低压开关	隔离开关	只	1
4	熔断器	RT 系列	个	5
5	热继电器	JR16 系列，根据电动机自定	个	1
6	按钮	LA1-3H	个	2
7	接触器	CJX 系列（线圈电压 380 V）	个	1
8	电动机	笼型电动机	台	1
9	导线	BVR 1.5 mm² 塑铜线		若干
10	实验电路安装板		个	1

3. 操作步骤

（1）检查所有的电器元件。电器元件应完好无损，各项技术指标符合要求，否则予以更换。

（2）按图 2-38 所示，在控制板上安装电器元件并贴上标签。

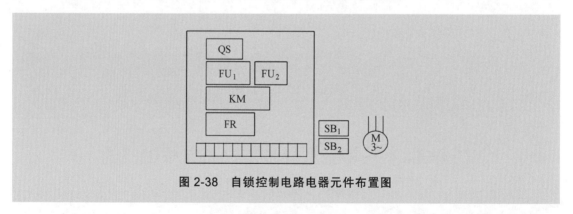

图 2-38　自锁控制电路电器元件布置图

（3）按图 2-39 所示接线，接线时按先主电路后控制电路、从上到下、从左到右的顺序进行。做到布线整齐，横平竖直，分布均匀，走线合理；接点牢靠，不得压绝缘层，不露线芯太长等。

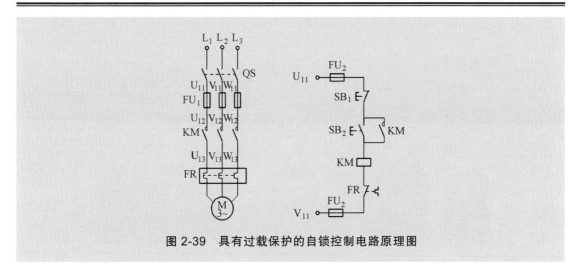

图 2-39　具有过载保护的自锁控制电路原理图

（4）安装完毕，必须认真检查后才能通电。检查方法如下：

① 对照接线图进行检查。从电源开始，核对每条接线，检查导线接点是否牢靠。

② 用万用表进行通断检查。

先检查主电路，此时断开控制回路。万用表置于欧姆挡，将两表笔分别放在 U_{11}-V_{11}、V_{11}-W_{11}、W_{11}-U_{11} 端线上，读数应接近 0；人为吸合接触器 KM，再将万用表两表笔分别放在 U_{11}-V_{11}、V_{11}-W_{11}、W_{11}-U_{11} 端线上，读数应为电动机绕组阻值（电动机为三角形接法）。

检查控制回路，此时断开主电路。万用表置于欧姆挡，将两表笔分别放在 U_{11}-V_{11} 端线上，读数应为无穷大；按下 SB_2，读数应为接触器 KM 线圈的电阻值。松开 SB_2，人为合上 KM，读数应为接触器 KM 线圈的电阻值。

（5）在老师的监护下通电试车。合上开关 QS，按下启动按钮 SB_2，观察接触器是否吸合，电动机是否动作。如遇异常现象，应立即停车并检查故障。

（6）试车完毕，应切断电源。

4. 安全文明要求

（1）通电试运转时应按电工安全要求操作，未经指导教师同意，不得通电。

（2）要节约导线材料（尽量利用使用过的导线）。

（3）操作时应保持工位整洁，完成全部操作后应马上把工位清理干净。

2.4.2　自锁控制电路的构成与分析

电动机连续工作过程中，长期过载、频繁启动、欠电压运行或者断相运行等，都有可能使电动机的电流超过它的额定值。电流超过额定值但又没有达到熔断器的熔断值时，将引起电动机过热，损坏绕组的绝缘，缩短电动机的使用寿命，严重时甚至烧坏电动机。因此，常采用热继电器作为电动机的过载保护、断相保护。

一、相关知识

（一）热继电器

热继电器是利用电流的热效应原理工作的电器，广泛用于三相异步电动机的长期过载保护。常用的热继电器外形如图 2-40 所示。

图 2-40　热继电器

1. 热继电器的结构与工作原理

目前使用的热继电器有两相和三相两种类型。热继电器主要由热元件、双金属片和触点组成，如图 2-41 所示。热元件由发热电阻丝做成。双金属片由两种热膨胀系数不同的金属辗压而成，当双金属片受热时，会出现弯曲变形。

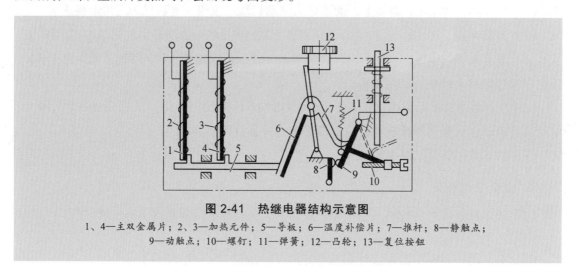

图 2-41　热继电器结构示意图

1、4—主双金属片；2、3—加热元件；5—导板；6—温度补偿片；7—推杆；8—静触点；
9—动触点；10—螺钉；11—弹簧；12—凸轮；13—复位按钮

使用时，把热元件串接于电动机的主电路中，而常闭触点串接于电动机的控制电路中。当电动机正常运行时，热元件产生的热量虽能使双金属片弯曲，但还不足以使热继电器的触点动作。

当电动机过载时，双金属片弯曲位移增大，推动导板使常闭触点断开，从而切断电动机控制电路以起保护作用。热继电器动作后，经过一段时间的冷却即能自动或手动复位。

热继电器的整定电流是指热继电器长期工作而不动作的最大电流，其值大小可以借助旋转凸轮于不同位置来实现，一般应根据电动机额定电流来选择，以便更好地起到过载保护作用。

2. 热继电器的型号含义和电气符号

型号 JR16-60/3 表示 JR16 系列额定电流 60 A 的三相热继电器，其型号含义如图 2-42 所示。

图 2-42　热继电器的型号含义

热继电器的图形符号与文字符号如图 2-43 所示。

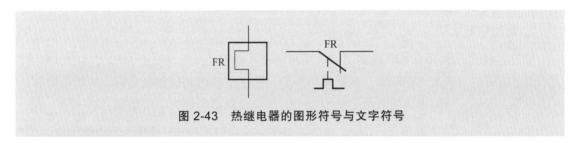

图 2-43　热继电器的图形符号与文字符号

3. 热继电器的选择

（1）类型选择：热继电器有两相、三相和三相带断路保护等形式。星形联结的电动机及电源对称性较好的情况，可选用两相或三相结构的热继电器；三角形联结的电动机，应选用带断相保护功能装置的三相结构热继电器。

（2）热继电器的额定电流选择：应略大于电动机电流。

（3）热继电器的整定电流选择：一般将热继电器的整定电流调整到与电动机额定电流相等；对过载能力差的电动机，可将热继电器的整定电流调整到电动机额定电流的 60% ~ 80%；对启动时间较长、拖动冲击性负载或不允许停车的电动机，热继电器的整定值应调整到电动机额定电流的 1.1 ~ 1.5 倍。

（4）对于工作时间较短、间歇时间较长的电动机，以及虽然长期工作但过载的可能性很小的电动机，可不设过载保护。

（5）双金属片式热继电器一般用于轻载、不频繁启动电动机的过载保护。对于重载、频繁启动的电动机，可用过电流继电器作为过载保护和短路保护。

（6）热继电器有手动复位和自动复位两种方式。对于重要设备，宜采用手动复位方式；如果热继电器和接触器的安装地点远离操作地点，且从工艺上又易于看清过载情况，宜采用自动复位方式。

4. 热继电器的安装与维护

热继电器的安装必须按照产品说明书进行。当与其他电器安装在一起，应将热继电器安装在其他电器下方，以免受其他电器发热的影响。

使用中，应定期除去尘埃和污垢，若双金属片出现锈斑，可用棉布蘸上汽油轻轻擦拭。在主电路发生短路事故后，应检查发热元件和双金属片是否已永久性变形，在做调整时，绝不允许弯折双金属片。

二、自锁控制电路

在要求电动机启动后能连续运转时，若始终用手按住按钮，这显然是不现实的。为了实现电动机的连续运转，需要采用接触器自锁的控制线路。如图 2-39 中，如果启动按钮 SB_2 旁不并联接触器 KM 辅助常开触头，那么，按下 SB_2 电机就运转，松开 SB_2 电机就自由停车，即点动控制。而在启动按钮 SB_2 的两端并接了接触器 KM 的辅助常开触头后，按下 SB_2，KM 线圈通电，KM 辅助常开触头接通，可使 KM 线圈维持通电的状态，电机可以连续运行，这种控制就叫自锁控制，通过自锁可以实现电机长动。

1. 电路分析

如图 2-44 所示为具有过载保护的自锁控制电路原理图。

主电路有：刀开关、熔断器、接触器主触头、热继电器热元件和电动机。控制电路有：启动和停止按钮、接触器线圈及动合辅助触头、热继电器动断触头、熔断器。

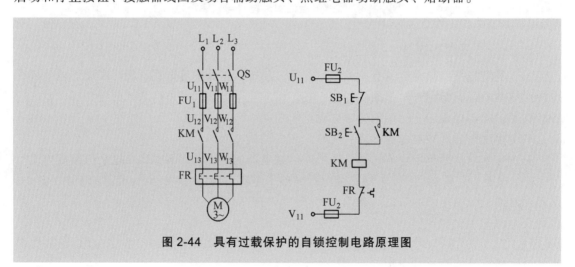

图 2-44　具有过载保护的自锁控制电路原理图

其工作过程如下：

合上 QS。

1）启动（见图 2-45）

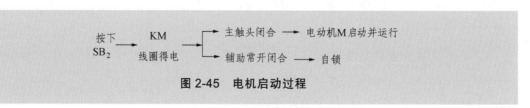

图 2-45　电机启动过程

2）停止（见图 2-46）

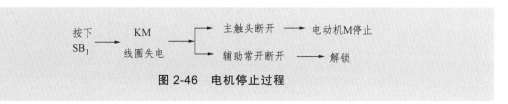

图 2-46　电机停止过程

2. 电路的保护环节

（1）短路保护：图 2-44 中，熔断器 FU_1、FU_2 分别对主电路和控制电路进行短路保护。

（2）过载保护：图 2-44 中，热继电器 FR 对电动机进行过载保护。

（3）欠压、失压保护：图 2-44 中，接触器本身的电磁结构实现了欠压和失压保护。

2.4.3　点动与自锁混合控制电路的安装与调试

1. 目　的

（1）能正确识别、选配和安装刀开关、熔断器、接触器、热继电器、按钮。

（2）能对电动机点动与自锁混合控制电路进行装配和调试。

2. 工具及器材

所需工具及器材如表 2-5 所示。

表 2-5　工具及器材

符号	名称	型号与规格	单位	数量
1	三相交流电源	AC 3X380 V	处	1
2	工具	万用表、螺丝刀、尖嘴钳、剥线钳等	套	1
3	低压开关	隔离开关	只	1
4	熔断器	RT 系列	个	5
5	按钮	LA1-3H	个	3
6	热继电器	JR16 系列	个	1
7	接触器	CJX 系列（线圈电压 380 V）	个	1
8	电动机	笼型电动机	台	1
9	导线	BVR 1.5 mm² 塑铜线		若干
10	实验电路板			

3. 操作步骤

（1）检查所有的电器元件。电器元件应完好无损，各项技术指标符合要求。

（2）按图 2-47 所示，在控制板上安装电器元件并贴上标签。

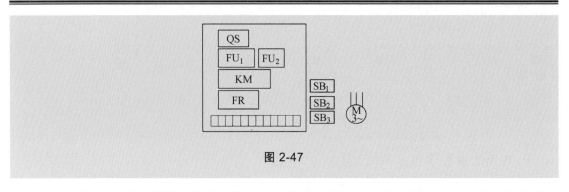

图 2-47

（3）按图 2-48 所示接线，接线时按先主电路后控制电路、从上到下、从左到右的顺序进行。做到布线整齐，横平竖直，分布均匀，走线合理；接点牢靠，不得压绝缘层，不露线芯太长等。

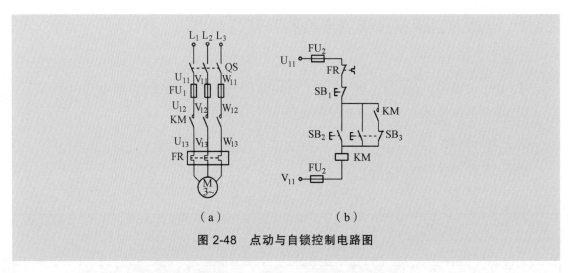

图 2-48　点动与自锁控制电路图

（4）安装完毕，必须认真检查后才能通电。检查方法如下：

① 对照接线图进行检查。从电源开始，核对接线，检查导线接点是否牢靠。

② 用万用表进行通断检查。

先检查主电路，此时断开控制回路。万用表置于欧姆挡，将表笔分别放在 U_{11}-V_{11}，V_{11}-W_{11}，W_{11}-U_{11} 端线上，读数应接近 0；人为吸合接触器 KM，再将万用表表笔分别放在 U_{11}-V_{11}，V_{11}-W_{11}，W_{11}-U_{11} 端线上，读数应为电动机绕组阻值（电动机为三角形接法）。

检查控制回路，此时断开主电路。万用表置于欧姆挡，将表笔分别放在 U_{11}-V_{11} 端线上，读数应为无穷大；按下 SB_2 或 SB_3，读数应为接触器 KM 线圈的电阻值。松开 SB_2，人为合上 KM，读数应为接触器 KM 线圈的电阻值。

（5）在老师的监护下通电试车。合上开关 QS，按下启动按钮 SB_2 或 SB_3，观察接触器是否吸合，电动机是否动作。如遇异常现象，应立即停车并检查故障。

（6）试车完毕，应切断电源。

4．安全文明要求

（1）通电试运转时应按电工安全要求操作，未经指导教师同意，不得通电。

（2）要节约导线材料（尽量利用使用过的导线）。

（3）操作时应保持工位整洁，完成全部操作后应马上把工位清理干净。

2.4.4　点动与自锁混合控制电路的构成与分析

在生产实践过程中，机床设备正常工作需要电动机连续运行，而试车和调整刀具与工件的相对位置时，又要求"点动"控制。为此生产加工工艺要求控制电路既能实现"点动控制"，又能实现"连续运行"。

一、相关知识

（一）继电器

继电器主要用于控制与保护电路或作信号转换用。当输入量变化到某一定值时，继电器动作，其触点接通或断开小容量的交、直流控制回路。

随着现代科技的高速发展，继电器的应用越来越广泛。为了满足各种使用要求，人们研制了一批结构新、性能高、可靠性高的继电器。

继电器按用途分为控制继电器和保护继电器；按动作原理分为电磁式继电器、感应式继电器、电动式电器、电子式继电器、热继电器；按输入信号的不同分为电压继电器、中间继电器、电流继电器、时间继电器、速度继电器等。

1. 电流继电器

电流继电器、电压继电器和中间继电器都是以电磁力为驱动力的继电器，通称为电磁继电器。它们的结构、工作原理与接触器相似，只是无灭弧装置。

电磁继电器主要由电磁系统和触头两部分组成。图 2-49 所示为电磁继电器的典型结构示意图。其电磁系统由静铁芯、动铁芯和电磁线圈组成，触头包括动合触头和动断触头。触头特点是容量小但数量多，且无主、辅之分。

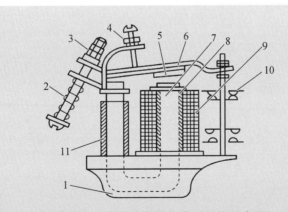

图 2-49　电磁继电器的典型结构示意图

1—底座；2—反力弹簧；3、4—调节螺钉；5—非磁性垫片；6—动铁芯；
7—静铁芯；8—极靴；9—电磁线圈；10—触头系统；11—铜套

电磁继电器线圈两端加上电压或通入电流时就会产生电磁力，当电磁力大于反力弹簧的反作用力时，吸引动铁芯（衔铁），使动铁芯带动与之连接的动触头向下运动，使动断触头断开、动合触头闭合；当线圈的电压、电流下降或消失时衔铁释放，在反力弹簧的反作用力下，动铁芯带动动触头向上运动返回起始位置，触头复位。

1）电流继电器的用途

根据线圈中电流大小而接通或断开电路的电磁继电器称为电流继电器。它是反映电流变化的继电器，即触头的动作与否和线圈电流的大小直接相关。

电流继电器根据用途分为过电流继电器和欠电流继电器。过电流继电器主要用于重载或频繁启动的场合，作为电动机主电路的过载和短路保护。电流继电器的整定值一般调整为电动机启动电流的 1.2 倍。

欠电流继电器主要用于直流电动机和电磁吸盘的失磁保护。

2）电流继电器的特点

电流继电器的线圈匝数少而导线粗，使用时其线圈与主电路负载串联，动作触头串接于控制电路中。

过电流继电器的任务是在电路发生短路或严重过载时，立即将电路切断。因此过电流继电器是反映上限值的，即当线圈中通过的电流为额定值时，继电器不动作；当线圈中通过的电流超过保护整定值时，继电器吸合，触头动作。

欠电流继电器的任务是在电路电流过低时，立即将电路切断。因此欠电流继电器是反映下限值的，即当线圈中通过的电流为额定值时，继电器不动作；当线圈中通过的电流低于整定值时，继电器由原来的吸合转变为释放，触头复位，从而切断电路起保护作用。

3）电流继电器的图形符号、文字符号及型号含义

电流继电器的图形符号、文字符号如图 2-50 所示，型号含义如图 2-51 所示。

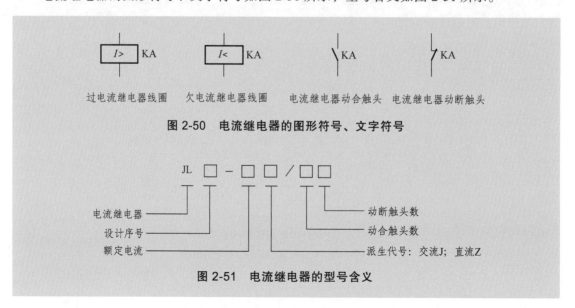

过电流继电器线圈　　欠电流继电器线圈　　电流继电器动合触头　　电流继电器动断触头

图 2-50　电流继电器的图形符号、文字符号

图 2-51　电流继电器的型号含义

2. 电压继电器

1）电压继电器的用途

根据线圈两端电压大小而接通或断开电路的电磁继电器称为电压继电器。它是反映电压变化的继电器，即触头的动作与否与线圈两端电压的大小直接相关。

电压继电器根据用途分为欠电压继电器和过电压继电器两种。电压继电器用于电力拖动控制系统中，对各类电气设备进行电压的保护和控制。

2）电压继电器的特点

电压继电器的线圈匝数多而导线细，使用时其线圈与主电路负载并接，动作触头串接于控制电路中。

过电压继电器的任务是当线圈两端的电压超过保护整定值时，继电器吸合，触头动作，起电路保护作用。因为直流电路电压波动较小，所以过电压继电器没有直流过电压继电器，只有交流过电压继电器。

欠电压继电器的任务是当线圈两端的电压低于保护整定值时，继电器由原来的吸合转变为释放，触头复位，从而切断电路起保护作用。

过电压继电器动作电压范围为 1.1 ~ 1.2 倍额定电压；欠电压继电器吸合电压动作范围为 0.4 ~ 0.7 倍额定电压。

3）电压继电器的图形符号、文字符号及型号含义

电压继电器的图形符号、文字符号如图 2-52 所示，型号含义如图 2-53 所示。

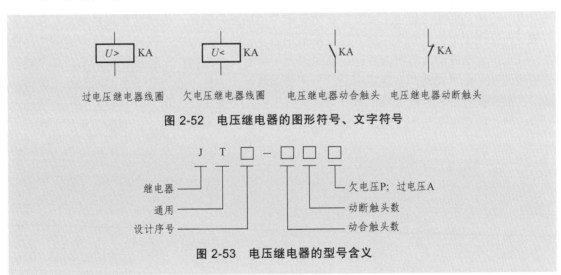

图 2-52　电压继电器的图形符号、文字符号

图 2-53　电压继电器的型号含义

3. 中间继电器

1）中间继电器的用途

能够将一个输入信号变成多个输出信号或将信号放大的继电器称为中间继电器。中间继电器实质上是一种电压继电器，其实质是作为控制开关使用的交流接触器。中间继电器在电

路中的作用主要是扩展控制触头数量和增加触头容量。即触头的额定电流比其线圈电流大得多，故起放大作用。中间继电器实物如图 2-54 所示。

（a）中间继电器　　　（b）小型中间继电器

图 2-54　中间继电器实物图

2）中间继电器的特点

中间继电器的基本结构和工作原理与接触器完全相同，故也称为接触器式继电器。所不同的是中间继电器的触头组数多，容量较小，并且没有主、辅之分，各组触头允许通过的电流大小是相同的，其额定电流约为 5 A。

3）中间继电器的结构

中间继电器由电磁机构和触头系统组成，如图 2-55 所示。铁芯和铁轭的作用是加强工作气隙内的磁场；衔铁的作用主要是实现电磁能与机械能的转化；极靴的作用是增大工作气隙的磁导；反作用力弹簧和簧片用来提供反作用力。当线圈通电后，线圈的励磁电流就产生磁场，从而产生电磁吸力吸引衔铁，一旦磁力大于弹簧反作用力，衔铁就开始运动，并带动与之相连的触头向下移动，使动触头与其上面的动断触头分开，而与其下面的动合触头吸合，最后，衔铁被吸合完成继电器工作。当磁力减小到小于弹簧反作用力时，触点与衔铁返回到初始位置，即动触头与下面的动合触点分开，与上面的动断触点吸合，准备下次的工作。

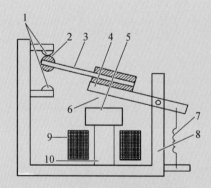

图 2-55　电磁式继电器结构图

1—静触头；2—动触头；3—簧片；4—衔铁；5—极靴；
6—空气气隙；7—反作用力弹簧

4）中间继电器的图形符号、文字符号及型号含义

中间继电器的图形符号、文字符号如图 2-56 所示，型号含义如图 2-57 所示。

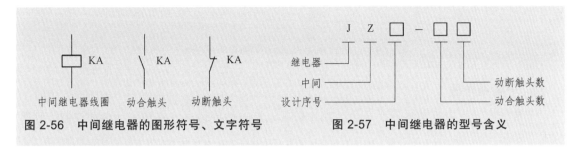

图 2-56　中间继电器的图形符号、文字符号　　　　图 2-57　中间继电器的型号含义

4．速度继电器

1）速度继电器的用途

速度继电器是用来反映转速与转向变化的继电器。它可以按照被控电动机转速的大小使控制电路接通或断开。速度继电器通常与接触器配合，实现对电动机的反接制动。速度继电器的外形如图 2-58 所示。

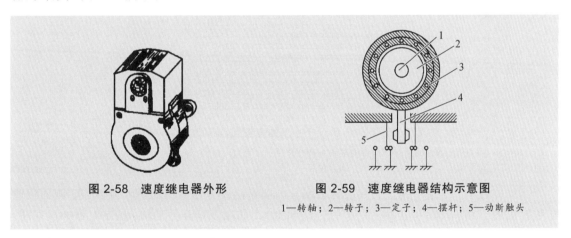

图 2-58　速度继电器外形　　　　图 2-59　速度继电器结构示意图

1—转轴；2—转子；3—定子；4—摆杆；5—动断触头

2）速度继电器的结构与工作原理

速度继电器主要由转子、定子和触头等部分组成，如图 2-59 所示。转子是一个圆柱形永久磁铁，定子是一个笼型空心圆环，并装有笼型绕组。

速度继电器的转轴和电动机的轴通过联轴器相连，当电动机转动时，速度继电器的转子随之转动，定子内的绕组便切割磁力线，产生感应电动势，而后产生感应电流，此电流与转子磁场作用产生转矩，使定子开始转动。当电动机转速达到某一值时，产生的转矩能使定子转到一定角度，使摆杆推动动断触头动作；当电动机转速低于某一值或停转时，定子产生的转矩会减小或消失，触头在弹簧的作用下复位。同理，电动机反转时，定子会往反方向转过一个角度，使另外一组触头动作。

3）速度继电器的图形符号和文字符号

速度继电器图形符号和文字符号如图 2-60 所示。

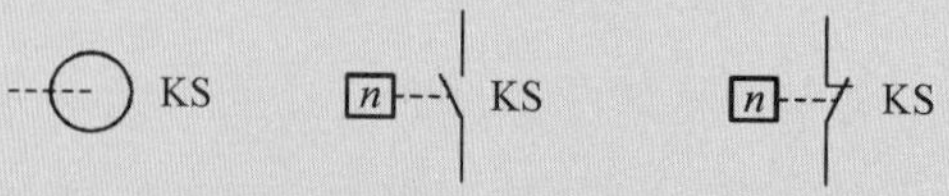

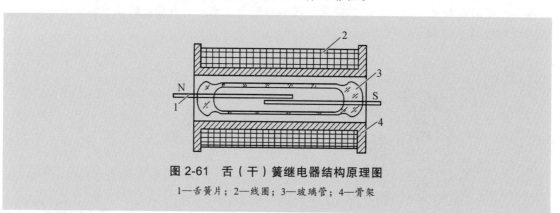

速度继电器转子　速度继电器动合触头　速度继电器动断触头

图 2-60　速度继电器图形符号和文字符号

5. 干簧继电器

干簧继电器可以反映电压、电流、功率以及电流极性等信号，在检测、自动控制、计算技术等领域中应用广泛。

干簧继电器主要由干式舌簧片与励磁线圈组成，其结构原理如图 2-61 所示。干式舌簧片（触点）是密封的，由铁镍合金做成，舌片的接触部分通常镀以贵重金属（如金、铑、钯等），接触良好，具有优良的导电性能。触点密封在充有氮气等惰性气体的玻璃管中，因而有效地防止了尘埃的污染，减少了触点的腐蚀，提高了工作可靠性。

图 2-61　舌（干）簧继电器结构原理图

1—舌簧片；2—线圈；3—玻璃管；4—骨架

当线圈通电后，管中两舌簧片的自由端分别被磁化成 N 极和 S 极而相互吸引，因而接通了被控制的电路。线圈断电后，舌簧片在本身的弹力作用下分开并复位，控制电路亦被切断。

干簧继电器具有以下特点：

（1）吸合功率小，灵敏度高。一般干簧继电器吸合与释放时间均在 0.5～2 ms 以内。

（2）触点密封，不受尘埃、潮气及有害气体污染，动片质量小，动程小，触点电寿命长，一般可达 10^8 次左右。动作速度快。

（3）结构简单，体积小。

（4）价格低廉，维修方便。

（5）不足之处是触点易冷焊黏住，过载能力低，触点开距小，耐压低，断开瞬间触点易抖动。

干簧继电器还可以用永磁体来驱动，反映非电信号，用作限位及行程控制以及非电量检测等。

6. 固态继电器

固态继电器（SSR）外形如图 2-62 所示，它是采用固态半导体元器件组装而成的一种新颖的无触点开关，是近几年发展起来的一种新型电子继电器，它具有开关速度快、工作频率高、使用寿命长、噪声低和动作可靠等优点，不仅在许多自动控制装备中代替了常规电磁式继电器，而且广泛用于数字程控装备、数据处理系统及计算机输入输出接口电路。固态继电器是一种能实现无触点通断的电气开关，当控制端无信号时，其主回路呈阻断状态；当施加控制信号时，主回路呈导通状态。它利用信号光电耦合方式使控制回路与负载回路之间没有任何电磁关系，实现了电隔离。

（a）三相固态继电器　　　　　（b）单相固态继电器

图 2-62　三相和单相固态继电器

固态继电器是一种四端组件，其中两端为输入端、两端为输出端。按主电路类型分为直流固态继电器和交流固态继电器，直流固态继电器内部的开关器件是功率晶体管，交流固态继电器内部的开关器件是晶闸管。按输入与输出之间的隔离分为光电隔离固态继电器和磁隔离固态继电器。按控制触发信号方式分为过零型和非过零型、有源触发型和无源触发型。

图 2-63 所示为光耦合式交流固态继电器原理图。当无信号输入时，发光二极管 VL 不发光，光电晶体管 V_1 截止，此时晶体管 V_2 导通，晶闸管 VT_1 控制门极被钳在低电平而关断，双向晶闸管 VT_2 无触发脉冲，固态继电器两个输出端处于断开状态。当在输入端输入很小的信号电压时，发光二极管 VL 导通发光，光电晶体管 V_1 导通，晶体管 V_2 截止，若电源电压大于过零电压（约 ±25 V），A 点电压大于 V_3 的 U_{be3}，V_3 导通，VT_1 仍关断截止，固态继电器输出端因 VT_2 无触发信号而关断。若电源电压小于过零电压，U_A 小于 U_{be3}，V_3 截止，VT_1 门极经 R_5 获触发信号，VT_1 导通，VT_2 门极通过 R_7、VD_2、VT_1、VD_4、R_8 回路和通过 R_8、VD_5、VT_1、VD_3、R_7 回路获得正反两个方向的触发脉冲，使 VT_2 双向导通，接通负载电路。若输入信号消失，V_2 导通，VT_1 关断，但 VT_2 仍保持导通状态，直到负载电流随电源电压的减少下降至双向晶闸管维持电流以下时才关断，从而切断负载电路。

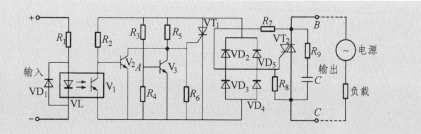

图 2-63　光耦合式交流固态继电器原理图

固态继电器的输入电压、电流均不大，但能控制强电压、大电流电路，它与晶体管、TTL、COMS 电子电路有较好的兼容性，可直接与弱电控制回路（如计算机接口电路）连接。常用的产品有 DJ 型系列固态继电器。

（二）转换开关

转换开关实质上也是一种刀开关，只不过一般刀开关的操作手柄是在垂直于其安装面的平面内向上或向下转动，而组合开关的操作手柄则是在平行于其安装面的平面内向左或向右转动。转换开关因可实现多组触头组合而得名，又叫组合开关。

转换开关一般用于电气设备中，作为非频繁地接通和分断电路、换接电源和负载、测量三相电压以及控制小容量异步电动机的正反转和 Y-△ 启动等用。具体实物图见图 2-64。

转换开关的系列代号为 HZ，例如 HZ10-60 型（HZ10 系列、额定电流 60 A）。

转换开关结构如图 2-65 所示。转换开关由三个分别装在三层绝缘件内的动触头、与盒外接线柱相连的静触头、绝缘杆、手柄等组成。旋转手柄 3，动触头随转轴转动，变更与静触头分、合的位置，实现接通和分断电路的目的。

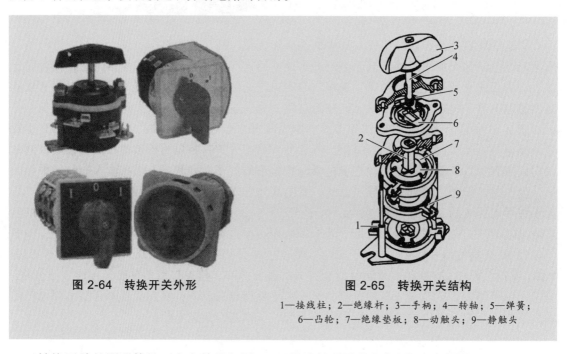

图 2-64 转换开关外形　　　　　　　　图 2-65 转换开关结构

1—接线柱；2—绝缘杆；3—手柄；4—转轴；5—弹簧；
6—凸轮；7—绝缘垫板；8—动触头；9—静触头

转换开关的图形符号、文字符号如图 2-66 所示，型号含义如图 2-67 所示。

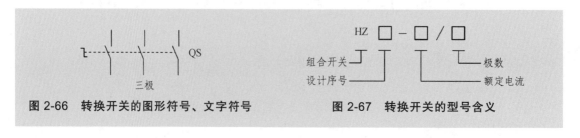

图 2-66 转换开关的图形符号、文字符号　　　图 2-67 转换开关的型号含义

（三）凸轮控制器

凸轮控制器用于起重设备和其他电力拖动装置，用于控制电动机的启动、正反转、调速和制动。凸轮控制器主要由手柄、定位机构、转轴、凸轮和触点组成，如图 2-68 所示。

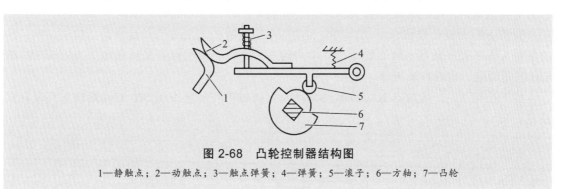

图 2-68　凸轮控制器结构图

1—静触点；2—动触点；3—触点弹簧；4—弹簧；5—滚子；6—方轴；7—凸轮

转动手柄时，转轴带动凸轮一起转动，转到某一位置时，凸轮顶动滚子，克服弹簧压力使动触点顺时针方向转动，脱离静触点而分断电路。在转轴上叠装不同形状的凸轮，可以使若干个触点组按规定的顺序接通或分断。

目前国内生产的有 KT10、KT14 等系列交流凸轮控制器和 KTZ2 系列直流凸轮控制器。KT14 系列凸轮控制器的技术数据如表 2-6 所示。

表 2-6　KT14 系列凸轮控制的技术数据

型号	额定电流/A	位置数		转子最大电流/A	最大功率/kW	额定操作频率/（次·h⁻¹）	最大工作周期/min
		左	右				
KT14-25J/1		5	5	32	11		
KT14-25J/2	25	5	5	2×32	2×5.5	600	10
KT14-25J/3		1	1	32	5.5		
KT14-60J/1		5	5	80	30		
KT14-60J/2	69	5	5	2×32	2×11	600	10
KT14-60J/4		5	5	2×80	2×30		

凸轮控制器的图形、文字符号如图 2-69 所示。黑点表示它上面的一对触点闭合。

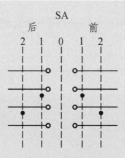

图 2-69　凸轮控制器的图形、文字符号

二、点动与自锁混合控制电路的构成与分析

控制电路因工作需求可选择性地实现两种或两种以上的控制要求，能实现该种电路的控制环节称为选择性联锁规律。如要求电路既能实现点动控制，又能实现自锁控制。图 2-70 所示为电动机单向点动与连续运行可选择控制电路。

按钮 SB₃ 为复合按钮，由动合触头和动断触头构成。当需要点动控制时，按下 SB₃，其动断触头先断开接触器 KM 自锁电路，动合触头后闭合，使接触器 KM 通电。当松开 SB₃ 时 KM 线圈断电，实现点动控制。

按下按钮 SB₂，接触器 KM 线圈经其动合辅助触头与复合按钮 SB₃ 的动断触头实现自锁控制。

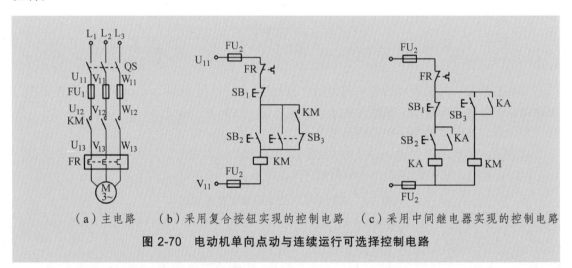

（a）主电路　　　（b）采用复合按钮实现的控制电路　　　（c）采用中间继电器实现的控制电路

图 2-70　电动机单向点动与连续运行可选择控制电路

1. 采用复合按钮实现的控制电路

图 2-70（b）是采用复合按钮实现的控制电路。图中 SB₃ 为复合按钮。其工作过程如下：

（1）合上刀开关 QS，点动控制过程如图 2-71 所示。

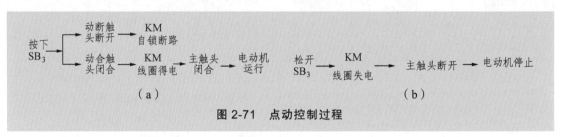

图 2-71　点动控制过程

（2）连续运行控制过程如图 2-72 所示。

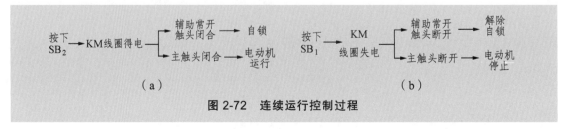

图 2-72　连续运行控制过程

该电路值得注意的是：点动控制时，若复合按钮 SB$_3$ 的动断触头的复位时间大于接触器 KM 动合辅助触头的复位时间，即 SB$_3$ 的动断触头闭合前 KM 动合辅助触头已经释放断开，则点动控制正常；若复合按钮 SB$_3$ 的动断触头的复位时间小于接触器 KM 动合辅助触头的复位时间，即 SB$_3$ 的动断触头闭合时 KM 动合辅助触头还没有释放断开，则 KM 线圈再次得电，其动合辅助触头还没有及时释放情况下，继续保持闭合，则形成自锁，点动控制失败。采用中间继电器的方法可使电路工作更可靠些。

2. 采用中间继电器实现的控制电路

图 2-70（c）是采用中间继电器实现的控制电路。图中 KA 为中间继电器。其工作过程如下：

（1）合上刀开关 QS，点动控制过程如图 2-73 所示。

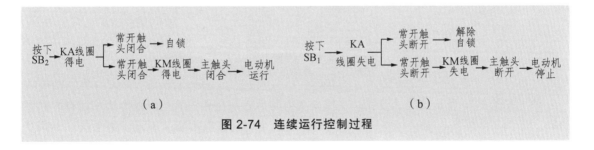

图 2-73　点动控制过程

（2）连续运行控制过程如图 2-74 所示。

图 2-74　连续运行控制过程

任务 2.5　多地控制规律的实现、安装与调试

2.5.1　多地控制电路的安装与调试

1. 目　的

（1）能正确识别、选配和安装刀开关、熔断器、接触器、热继电器、按钮。

（2）能对电动机多地控制电路进行装配和调试。

2. 工具及器材

需要的工具及器材如表 2-7 所示。

表 2-7　工具及器材

符号	名称	型号与规格	单位	数量
1	三相交流电源	AC 3X380 V	处	1
2	工具	万用表、螺丝刀、尖嘴钳、剥线钳等	套	1
3	低压开关	隔离开关	只	1
4	熔断器	RT 系列	个	5
5	按钮	LA1-3H	个	4
6	热继电器	JR16 系列	个	1
7	接触器	CJX 系列（线圈电压 380 V）	个	1
8	电动机	笼型电动机	台	1
9	导线	BVR 1.5 mm² 塑铜线		若干
10	实验电路板			

3. 操作步骤

（1）检查所有的电器元件。电器元件应完好无损，各项技术指标符合要求。

（2）按图 2-75 所示，在控制板上安装电器元件并贴上标签。

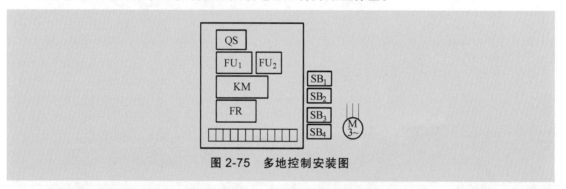

图 2-75　多地控制安装图

（3）按图 2-76 所示接线，接线时应按先主电路后控制电路、从上到下、从左到右的顺序进行。做到布线整齐，横平竖直，分布均匀，走线合理；接点牢靠，不得压绝缘层，不露线芯太长等。

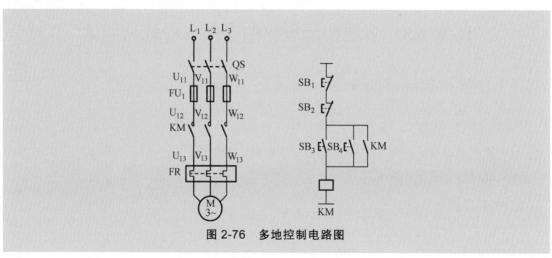

图 2-76　多地控制电路图

（4）安装完毕，必须认真检查后才能通电。检查方法如下：

① 对照接线图进行检查。从电源开始，核对接线，检查导线接点是否牢靠。

② 用万用表进行通断检查。

先检查主电路，此时断开控制回路。万用表置于欧姆挡，将表笔分别放在 U_{11}-V_{11}，V_{11}-W_{11}，W_{11}-U_{11} 端线上，读数应接近 0；人为吸合接触器 KM，再将万用表表笔分别放在 U_{11}-V_{11}，V_{11}-W_{11}，W_{11}-U_{11} 端线上，读数应为电动机绕组阻值（电动机为三角形接法）。

检查控制回路，此时断开主电路。万用表置于欧姆挡，将表笔分别放在 U_{11}-V_{11} 端线上，读数应为无穷大；按下 SB_3 或 SB_4，读数应为接触器 KM 线圈的电阻值；松开 SB_3 或 SB_4，人为合上 KM，读数应为接触器 KM 线圈的电阻值。

（5）在老师的监护下，通电试车。合上开关 QS，按下启动按钮 SB_3 或 SB_4，观察接触器是否吸合，电动机是否动作。如遇异常现象，应立即停车并检查故障。

（6）试车完毕，应切断电源。

4. 安全文明要求

（1）通电试运转时应按电工安全要求操作，未经指导教师同意，不得通电。

（2）要节约导线材料（尽量利用使用过的导线）。

（3）操作时应保持工位整洁，完成全部操作后应马上把工位清理干净。

多点控制是为了操作方便，常要求能在多个点对同一台设备进行控制。例如，龙门刨床床身较长，可在几处安装启动和停止按钮，以便操作。

2.5.2　多地控制电路构成与分析

多地控制主令电器一般用按钮，按钮的连接原则是：启动按钮并联，停止按钮串联。图 2-76 为两地控制规律，图中，按钮 SB_1 和 SB_3 是一地的控制按钮，按钮 SB_2 和 SB_4 是另一地的控制按钮。按下任何一个启动按钮，线圈 KM 得电；按下任何一个停止按钮。线圈 KM 失电。

任务 2.6　识读电气控制图的方法和步骤

电气控制线路的阅读和分析主要是针对电气控制原理图进行的。电气控制原理图是电气控制线路图的核心内容，它是根据工作原理绘制的，是研究和分析控制系统最直接的工具。在电气控制原理图阅读和分析前，应当掌握控制系统相关的各类信息，包括控制系统的各元器件产品说明书、生产工艺要求与执行元件的关系、控制系统的功能、技术指标及图纸中的各种备注等，这些都能直接或间接地帮助阅读和分析控制原理图。电气控制原理图分析应和电气安装接线图、电气布置图结合起来，这样有助于整个系统的分析。

电气控制原理图的阅读和分析方法主要有查线阅读分析法、逻辑分析法。

逻辑分析法是通过把电路元件的状态转化为电路的逻辑表达式进行运算来阅读和分析电

路的方法。该方法适合于采用计算机辅助技术来阅读和分析庞大复杂的电路，不是常见读图和分析方法，本书不作阐述。

查线阅读分析法是分析电气原理图的最基本方法，应用也最广泛。它是以化整为零、先主后辅、局部分析、集零为整的原则阅读和分析电气原理图的方法。

一、查线阅读分析法

查线阅读分析法阅读分析电气原理图的步骤如下：

1. 分析主电路

分析原理图时应从主电路开始，主电路应先从电动机入手，清楚电动机类型，分析电动机的控制内容。如：电动机启动、运行、调速、制动等基本控制环节的分析，做到心中有数、有的放矢。

2. 分析控制电路

主电路的控制要求都是由控制电路实现的，对应主电路元件找出控制电路中的控制环节，用控制基本规律，将控制线路"化整为零"，自上而下、自左到右，按功能不同划分成若干个局部控制线路，从电源和主令电器开始，作逻辑分析和判断，总结出控制动作过程。

如果控制线路较复杂，则可先排除照明、显示等与控制关系不密切的电路，以便集中精力进行分析，做到先主再次。

3. 分析辅助电路

辅助电路包括执行元件的工作状态显示、电源显示、参数测定、照明和故障报警等部分。辅助电路中很多部分是由控制电路中的元件来控制的，所以在分析辅助电路时，还要回过头来对照控制电路进行分析。

4. 分析联锁与保护环节

生产机械对于安全性、可靠性有很高的要求，实现这些要求，除了要合理地选择拖动、控制方案以外，在控制电路中还要设置一系列电气保护和必要的电气联锁。在电气控制原理图的分析过程中，电气联锁与电气保护环节是一个重要内容，不可遗漏。

5. 分析特殊控制环节

在某些控制线路中，还设置了一些与主电路、控制电路关系不密切、相对独立的某些特殊环节，这些部分往往自成一个小系统，其读图分析的方法可参照上述分析过程，并灵活运用所学过的知识，逐一分析。

6. 总体检查

经过"化整为零"，逐步分析了每一局部电路的工作原理以及各部分之间的控制关系之后，还必须用"集零为整"的方法，检查整个控制线路，看是否有遗漏。特别要从整体角度去进一步检查和整理各控制环节之间的联系，以达到清楚地理解原理图中每一个电器元件的作用、工作过程及主要参数。

二、电气原理图阅读和分析

图 2-77 所示为 C630 型普通车床的电气控制线路原理图。

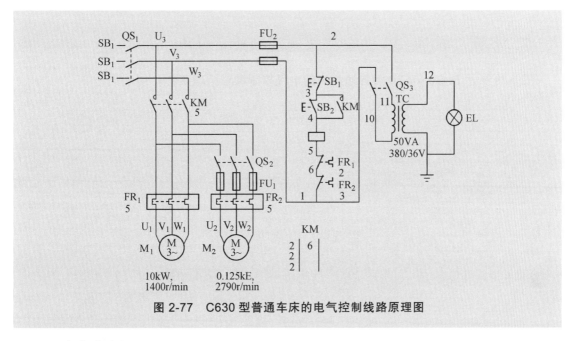

图 2-77　C630 型普通车床的电气控制线路原理图

1. 主电路分析

主电路中有两台电动机，M_1 为主轴电动机；M_2 为冷却泵电动机；开关 QS_1 作电源总开关；接触器 KM 控制电动机 M_1；开关 QS_2 控制电动机 M_2；电源为三相交流 380 V。

2. 控制电路分析

控制电路采用 380 V 交流电源供电，只要在 5 区按下启动按钮 SB_2，KM 线圈便得电，位于 6 区的 KM 动合辅助触头闭合自锁，位于 2 区的 KM 主触头闭合，2 区主轴电动机 M_1 启动。M_1 通电后，合上 3 区开关 QS_2，3 区冷却泵电动机 M_2 立即启动。按下 SB_1，两台电动机停止。

3. 辅助电路分析

照明电路采用 36 V 电压，由变压器 TC 供给；QS_3 控制照明电路的开关；EL 为照明灯。

4. 保护环节分析

熔断器 FU_1、FU_2 分别对 M_2 和控制电路进行短路保护，因为向车床供电的电源开关要装熔断器，所以 M_1 未用熔断器进行短路保护；热继电器 FR_1、FR_2 分别对 M_1、M_2 进行过载保护，其触头串联在 KM 线圈回路中，M_1、M_2 中任一台电动机过载，热继电器的动断触头断开，KM 都将失电而使两台电动机停止。

5. 总体检查

分析完之后，再进行总体检查，看是否有遗漏。

任务 2.7　CW6163 型普通车床电气控制分析及故障检测

2.7.1　车床 CW6163B 的电气原理图构成及分析

图 2-78 所示为 CW6163B 型普通车床的电气控制线路原理图。

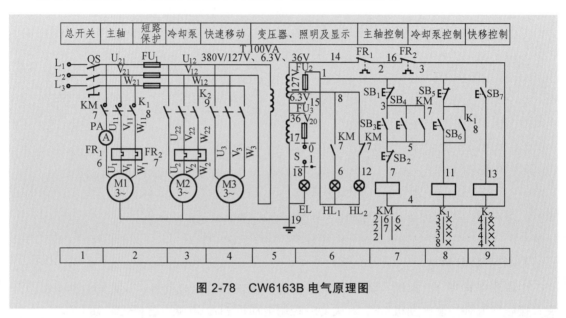

图 2-78　CW6163B 电气原理图

1. 主电路分析

主电路中有三台电动机，M_1 为主轴电动机，M_2 为冷却泵电动机，M_3 为刀架快速移动电动机。开关 QS_1 作电源总开关，接触器 KM_1 控制电动机 M_1，热继电器 FR_1 作为 M_1 的过载保护，接触器 KM_2 控制电动机 M_2，热继电器 FR_2 作为 M_2 的过载保护，接触器 KM_3 控制电动机 M_3。开关 QS_2 控制电动机 M_2；电源为三相交流 380 V。

2. 控制电路分析

合上刀开关 QS_1。

（1）主轴电动机控制如图 2-79 所示。

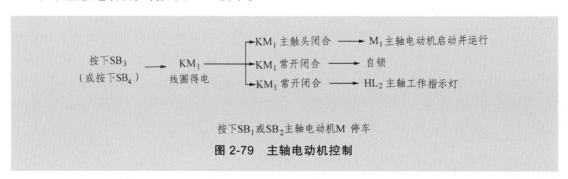

图 2-79　主轴电动机控制

（2）冷却泵电动机控制如图 2-80 所示。

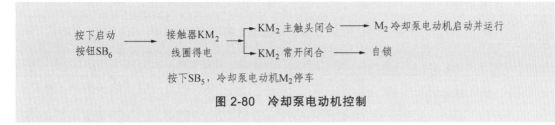

图 2-80　冷却泵电动机控制

（3）刀架快速电动机控制如图 2-81 所示。

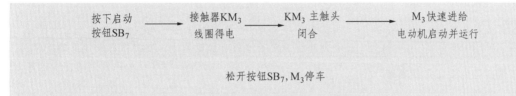

图 2-81　刀架快速电动机控制

3．辅助电路分析

照明电路采用 36 V 电压，由变压器 TC 供给；QS_3 控制照明电路的开关；EL 为照明灯。

4．保护环节分析

熔断器 FU_1、FU_2 分别对 M_2 和控制电路进行短路保护，因为向车床供电的电源开关要装熔断器，所以 M_1 未用熔断器进行短路保护；热继电器 FR_1、FR_2 分别对 M_1、M_2 进行过载保护，其触头串联在 KM 线圈回路中，M_1、M_2 中任一台电动机过载，热继电器的动断触头断开，KM 都将失电而使两台电动机停止。

5．总体检查

分析完之后，再进行总体检查，看是否有遗漏。

2.7.2　CW6163 型普通车床的常见故障排除（见表 2-8）

表 2-8

故障现象	排除方法
安装试车时，床头箱主轴不转	调整三相电源线的接线端，使主电机符合使用说明书规定的转向或加入机械油达到油箱所示的油位
安装试车时，溜板箱纵横向换向手柄无快速移动	调整三相电源线的接线端，使快速电机正转
安装试车时，切削工作精度超差不符合规定要求	重新调整车床的安装水平精度，达到使用说明书中合格证上要求的范围
安装试车时，切削时纵横向无自动走刀	将床头箱左右旋换向手柄扳在正确位置

续表

故障现象	排除方法
安装试车时,进刀箱基本螺距手柄处漏油	更换机械油,清理异物使回油畅通
使用中车床切削无力	清洗油箱内的滤油器,更换机械油
使用中床头箱Ⅰ轴漏油	更换油箱内的机械油,清洁滤油器,并且拆卸床头箱Ⅰ轴更换分油环
使用中床头箱运转时噪声特别大	更换油箱内的机械油,清洁滤油器,并且拆卸床头箱Ⅰ轴或Ⅲ轴更换所损坏的轴承
使用中床头箱运转时冒烟	更换油箱内的机械油,并且拆卸Ⅰ轴离合器,更换摩擦片,装配时要调整适当,并按使用须知进行正确操作
使用中床头箱主轴转向变速手柄打不动	拆卸床头箱Ⅲ轴,修整花键和三联滑移齿轮花键孔,使Ⅲ轴与三联滑移齿轮配合滑移自如、灵活,并按作用须知正确操作
使用中切削时纵横向走刀联锁	拆开纵横向手柄座,将M6X16的螺丝加弹簧垫圈拧紧,紧固6089垫片
使用中切削时纵向或横向走刀失灵	拆卸溜板箱更换拨叉,拨叉调整到原位,并按使用须知正确操作

思考与练习

1. 阐述单相交流异步电动机的转动原理,怎样改变其转向?
2. 主电路与控制电路常用低压电器分别有哪些?
3. 中间继电器与交流接触器有什么区别?
4. 热继电器能否作短路保护?为什么?
5. 自动空气开关有哪些保护功能?分别由哪些部件完成?
6. 设计一个两地控制一台电动机,即可点动运行和连续运行实现启动和停止的控制线路,画出主电路和控制电路,并说明其控制过程。

模块 3 钻床 Z3040 的电气控制分析及常见故障分析

➤ **教学目标**

1. 知识目标

（1）了解时间继电器的结构和工作原理，熟悉型号含义，掌握时间继电器的图形符号和文字符号。

（2）了解电子式时间继电器的工作原理。

（3）掌握互锁控制电路的组成和工作过程。

（4）掌握顺序控制电路的组成和工作过程。

2. 技能目标

（1）能够根据控制要求，选择合适的时间继电器并能正确安装。

（2）熟练画出互锁控制电路原理图，并进行装配和调试。

（3）熟练画出顺序控制电路原理图，并进行装配和调试。

➤ **中华人民共和国人社部维修电工国家职业标准**

（1）鉴定工种：中级维修电工。

（2）技能鉴定点见下表。

序号	鉴定代码				鉴定内容
	章	节	目	点	
1	2	2	1	2	常用变压器与异步电动机
2	2	2	1	3	常用低压电器
3	2	2	1	7	电工读图的基本知识
4	2	2	1	8	一般生产设备的基本电气控制线路
5	2	2	1	10	常用工具（包括专用工具）、量具和仪表
6	2	2	1	11	供电和用电的一般知识

任务 3.1　摇臂钻床 Z3040 的结构及电气控制

钻床是一种孔加工机床，它可用来钻孔、扩孔、铰孔、攻丝及修刮多种形式的端面。钻床按用途和结构可分为立式钻床、台式钻床、多轴钻床、摇臂钻床及其他专用钻床。在各种专用机床中，摇臂钻床操作方便、灵活，适用范围广，具有典型性，适用于单件或成批量生产中具有多孔的大中型零件的孔加工。下面以 Z3040 型摇臂钻床为例对其电气控制进行分析。

一、摇臂钻床的主要结构与运动形式

Z3040 型摇臂钻床主要由底座、内立柱、外立柱、摇臂、主轴箱和工作台等部分组成，如图 3-1 所示。内立柱固定在底座的一端，在它外面套有外立柱，外立柱可绕内立柱旋转 360°。摇臂的一端为套筒，它套装在外立柱上，并借助丝杆的正、反转可绕外立柱上下移动，但由于丝杆与外立柱连成一体，同时升降螺母固定在摇臂上，所以摇臂不能绕外立柱转动。但是摇臂与外立柱一起可绕内立柱转动。主轴箱是一个复合部件，它由主传动电动机、主轴和主轴传动机构、进给和进给变速机构以及机床的操作机构等组成。主轴箱安装在摇臂的水平导轨上，可通过手轮操作使其在水平导轨上沿摇臂移动。当加工时，由特殊的夹紧装置将主轴箱紧固在摇臂导轨上，外立柱紧固在内立柱上，摇臂紧固在外立柱上，然后进行钻削加工。钻削加工时，钻头一面进行旋转切削，一面进行纵向进给。

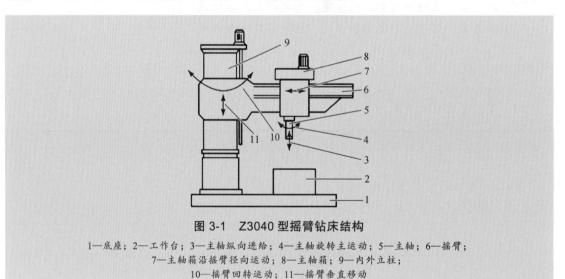

图 3-1　Z3040 型摇臂钻床结构

1—底座；2—工作台；3—主轴纵向进给；4—主轴旋转主运动；5—主轴；6—摇臂；
7—主轴箱沿摇臂径向运动；8—主轴箱；9—内外立柱；
10—摇臂回转运动；11—摇臂垂直移动

由此可知，摇臂钻床的主运动为主轴的旋转运动；进给运动为主轴的纵向进给；辅助运动有：摇臂沿外立柱的垂直移动；主轴箱沿摇臂长度方向的水平移动；摇臂与外立柱一起绕内立柱的回转运动。

二、Z3040 型摇臂钻床的电气控制

Z3040 型摇臂钻床的动作是通过机、电、液联合控制来实现的。主轴的变速是利用变速

箱来实现的, 其正、反转运动是利用机械的方法来实现的, 主轴电动机只需要单方向旋转。摇臂的升、降由一台交流异步电动机来拖动。内外立柱、主轴箱与摇臂的夹紧与放松是通过电动机带动液压泵, 通过夹紧机构来实现的。图 3-2 所示为 Z3040 型摇臂钻床电气控制电路图, 图 3-3 所示为夹紧机构液压系统原理图。

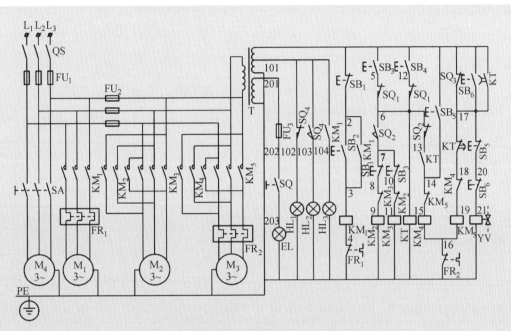

图 3-2　Z3040 型摇臂钻床电气控制线路图

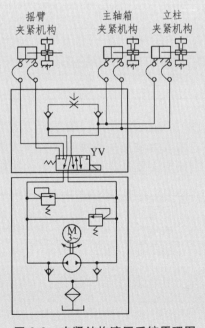

图 3-3　夹紧结构液压系统原理图

任务 3.2　三相笼型异步电动机的电气互锁控制电路的实现、安装与调试

3.2.1　三相笼型异步电动机的电气互锁控制电路的安装与调试

1. 目　的

（1）能正确识别、选配和安装刀开关、熔断器、接触器、按钮、热继电器。

（2）能对电动机电气互锁控制电路进行装配和调试。

2. 工具及器材

需要的工具及器材如表 3-1 所示。

表 3-1　工具及器材

符号	名称	型号与规格	单位	数量
1	三相交流电源	AC 3X380 V	处	1
2	工具	万用表、螺丝刀、尖嘴钳、剥线钳等	套	1
3	低压开关	隔离开关	只	1
4	熔断器	RT 系列	个	5
5	按钮	LA1-3H	个	3
6	热继电器	JR16 系列	个	1
7	接触器	CJX 系列（线圈电压 380 V）	个	2
8	电动机	笼型电动机	台	1
9	导线	BVR 1.5 mm² 塑铜线		若干
10	实验电路板		个	1

3. 操作步骤

（1）检查所有的电器元件。电器元件应完好无损，各项技术指标符合要求。

（2）按图 3-4 所示，在控制板上安装电器元件，贴上标签。

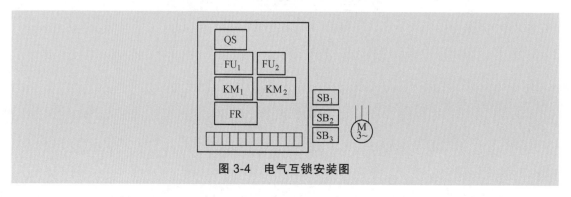

图 3-4　电气互锁安装图

（3）按图 3-5 所示接线，接线时按先主电路后控制电路、从上到下、从左到右的顺序进行。做到布线整齐，横平竖直，分布均匀，走线合理；接点牢靠，不得压绝缘层，不露线芯太长等。

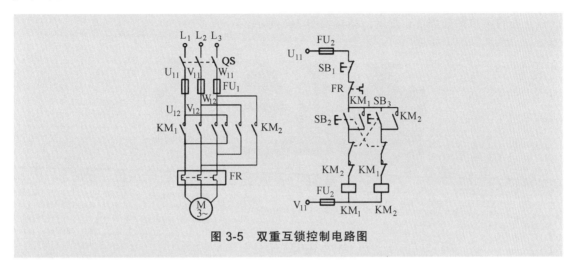

图 3-5　双重互锁控制电路图

（4）安装完毕，必须认真检查后才能通电。检查方法如下：

① 对照接线图进行检查。从电源开始，核对接线，检查导线接点是否牢靠。

② 用万用表进行通断检查。

先检查主电路，此时断开控制回路。万用表置于欧姆挡，将表笔分别放在 U_{11}-V_{11}，V_{11}-W_{11}，W_{11}-U_{11} 端线上，读数应接近 0；人为吸合接触器 KM_1 或 KM_2，再将万用表表笔分别放在 U_{11}-V_{11}，V_{11}-W_{11}，W_{11}-U_{11} 端线上，读数应为电动机绕组阻值（电动机为三角形接法）。

检查控制回路，此时断开主电路。万用表置于欧姆挡，将表笔分别放在 U_{11}-V_{11} 端线上，读数应为无穷大；按下 SB_2 或 SB_3，读数为接触器 KM 线圈的电阻值；松开 SB_2 或 SB_3，人为合上 KM_1 或 KM_2，读数应为接触器 KM_1 或 KM_2 线圈的电阻值。

（5）在老师的监护下，通电试车。合上开关 QS，按下启动按钮 SB_2 或 SB_3，观察接触器是否吸合，电动机是否动作。如遇异常现象，应立即停车并检查故障。

（6）试车完毕，应切断电源。

4．安全文明要求

（1）通电试运转时应按电工安全要求操作，未经指导教师同意，不得通电。

（2）要节约导线材料（尽量利用使用过的导线）。

（3）操作时应保持工位整洁，完成全部操作后应马上把工位清理干净。

3.2.2　三相笼型异步电动机互锁电路的构成与分析

生产中，常要求电动机能正反转，实现可逆运行。由电动机原理可知，三相异步电动机的三相电源进线中任意两相对调，电动机即可反向运转。实际运用中，通过两个接触器改变定子绕组相序来实现正反转控制。

一、行程开关

行程开关又叫限位开关或是位置开关，它是利用运动部件的行程位置实现控制的电器元件。行程开关常用于自动往返的生产机械中，按结构不同可分为直动式、滚轮式、微动式。行程开关的实物图如图 3-6 所示，结构如图 3-7 所示。

图 3-6　行程开关

（a）直动式

1—顶杆；2—弹簧；3—常闭触点；4—触点弹簧；5—常开触点

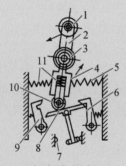

（b）滚轮式

1—滚轮；2—上转臂；3、5、11—弹簧；4—套架；6、9—压板；7—触点；8—触点推杆；10—小滑轮

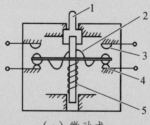

（c）微动式

1—推杆；2—弯形片状弹簧；3—常开触点；4—常闭触点；5—恢复弹簧

图 3-7　行程开关的结构图

行程开关的结构、工作原理与按钮相同。区别是行程开关不靠手动而是利用运动部件上的挡块碰压而使触点动作，有自动复位和非自动复位两种。

行程开关的图形、文字符号如图 3-8 所示。

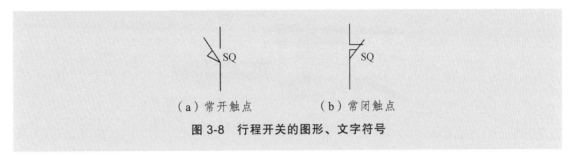

（a）常开触点　　　　　（b）常闭触点

图 3-8　行程开关的图形、文字符号

常用的行程开关有 LX10、LX12、JLXK1 等系列，JLXK1 系列行程开关的技术数据如表3-2 所示。

表 3-2　JLXK1 系列位置开关的技术数据

型号	额定电压/V		额定电流/A	触点数量		结构形式
	交流	直流		常开	常闭	
JLXK1-111	500	440	5	1	1	单轮防护式
JLXK1-211	500	440	5	1	1	双轮防护式
JLXK1-111M	500	440	5	1	1	单轮密封式
JLXK1-211M	500	440	5	1	1	双轮密封式
JLXK1-311	500	440	5	1	1	直动防护式
JLXK1-311M	500	440	5	1	1	直动密封式
JLXK1-411	500	440	5	1	1	直动滚轮防护式
JLXK1-411M	500	440	5	1	1	直动滚轮密封式

二、接近开关

接近开关又称无触点行程开关，它是机械运动部件运动到接近开关一定距离时发出动作的电子电器。它通过感辨头与被测物体间介质能量的变化来获取信号。接近开关不仅作行程开关和限位保护，还用于高速计数、测速、液面控制、检测金属体的存在，检测零件尺寸以及用作无触点按钮等。

接近开关由接近信号辨识机构、检波、检幅和输出电路等部分组成。接近开关辨识机构工作原理不同分为高频振荡型、感应型、电容型、光电型、永磁型及磁敏元件型、超声波型等，其中以高频振荡型最为常用。接近开关实物如图 3-9 所示。

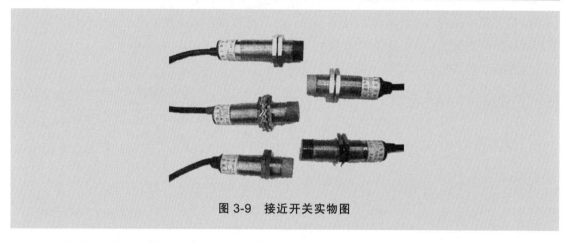

图 3-9　接近开关实物图

　　高频振荡型接近开关由感辨头、振荡器、开关器、输出器和稳压器等部件组成。当装在生产机械上的金属检测体接近感辨头时，由于感应作用，使处于高频振荡器线圈磁场中的物体内部产生涡流与磁滞损耗，以致振荡回路因电阻增大、损耗增加而使振荡减弱，直至停止振荡。这时，晶体管开关就导通并经输出器输出信号，从而起到控制作用。下面以晶体管停振型接近开关为例分析其工作原理。

　　晶体管停振型接近开关属于高频振荡型。高频振荡型接近信号的发生机构实际上是一个LC 振荡器，其中 L 是电感式感辨头。当金属检测体接近感辨头时，在金属检测体中将产生涡流，由于涡流的去磁作用使感辨头的等效参数发生变化，改变振荡回路的谐振阻抗和谐振频率，使振荡停止。晶体管停振型接近开关按反馈方式可分为电感分压反馈式、电容分压反馈式和变压器反馈式。图 3-10 所示为晶体管型接近开关框图。

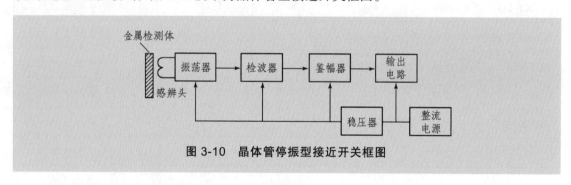

图 3-10　晶体管停振型接近开关框图

　　接近开关的图形符号和文字符号如图 3-11 所示。

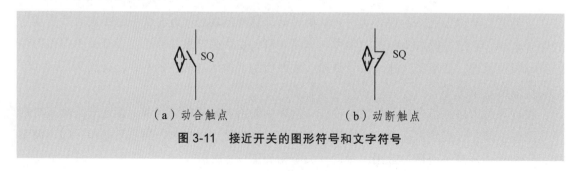

　　（a）动合触点　　　　　　　　　　　　（b）动断触点

图 3-11　接近开关的图形符号和文字符号

三、电气互锁控制电路

生产中，常要求电动机能正反转，实现可逆运行。由电动机原理可知，三相异步电动机的三相电源进线中任意两相对调，电动机即可反向运转。实际运用中，通过两个接触器改变定子绕组相序来实现正反转控制。其电路如图 3-12 所示。

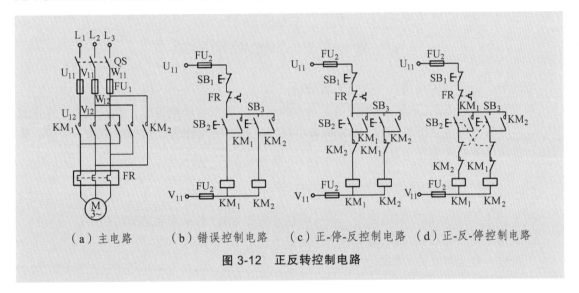

（a）主电路　　　（b）错误控制电路　　（c）正-停-反控制电路　（d）正-反-停控制电路

图 3-12　正反转控制电路

图 3-12（a）为主电路，采用两个接触器，正转用接触器 KM_1，反转用接触器 KM_2，当接触器 KM_1 的主触头闭合时，三相电源的相序按 L_1、L_2、L_3 接入电动机，电动机正转；当 KM_2 的主触头闭合时，三相电源按 L_1、L_3、L_2 接入电动机，电动机反转。

由主电路可知，若 KM_1 和 KM_2 的主触头同时闭合，将造成短路故障，如图 3-12（b）所示。一旦误操作，同时按下 SB_2 和 SB_3 时，会造成短路故障。因此，要使电路安全可靠地工作，最多只允许一个接触器工作，要实现这种控制要求，需在正反转控制电路中进行互锁。通常采用图 3-12（c）所示电路，将其中一个接触器的动断辅助触头串入另一个接触器线圈回路中，则任一接触器线圈先得电后，即使按下相反方向的启动按钮，由于串在另一回路中的接触器动断辅助触头已经断开，其回路接触器也无法得电，从而实现互锁。

图 3-12（c）所示的控制电路的控制过程如下：

正转时，合上刀开关，控制过程如图 3-13 所示。

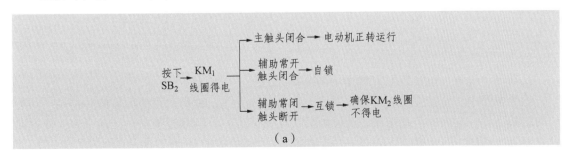

（a）

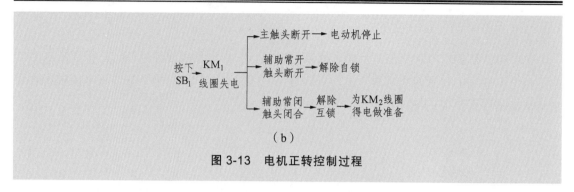

图 3-13　电机正转控制过程

反转时，过程与正转相似，这里不再分析。

若按正向按钮 SB_2，KM_1 线圈得电，电动机正转。要使电动机反转，必须按下停止按钮 SB_1 后，再按反转启动按钮 SB_3，电动机方可反转，这个电路称为"正—停—反"控制。显然这种电路的缺点是操作不方便。

四、按钮、接触器双重互锁控制电路

图 3-12（d）所示的控制电路中，正反向启动按钮 SB_2、SB_3 采用复合按钮。

图 3-12（d）所示的控制电路的控制过程如下：

正转时，合上刀开关，控制过程如图 3-14 所示。

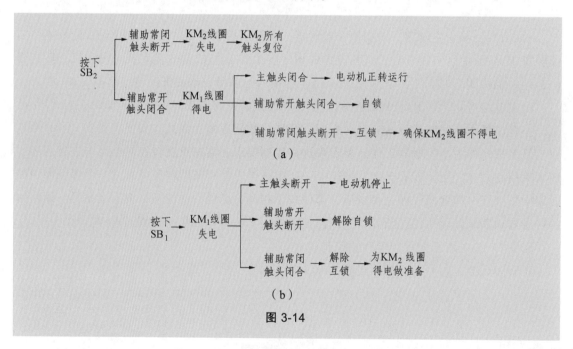

图 3-14

反转时，过程与正转相似，这里不再分析。

这个电路中，直接按反向按钮就能使电动机反向工作，称为"正—反—停"控制。其工作时，按下任一方向的启动按钮，其动断触头使另一回路接触器线圈断电，动合触头使本回路接触器线圈得电，实现"正—反—停"控制。

五、小车的行程控制

正反转控制电路常被应用于行程控制中，如图 3-15 中要求电动机拖动的小车能够在一定行程内运行，而不会超位运行造成生产事故。图中 SQ_1、SQ_2 为左右位行程开关动断触头。

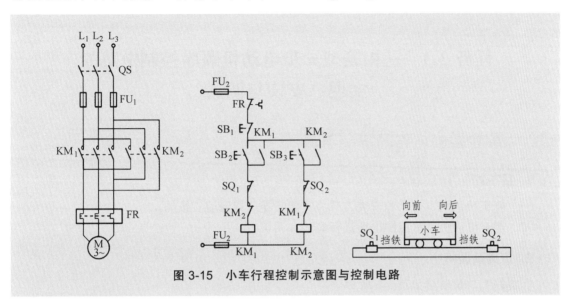

图 3-15　小车行程控制示意图与控制电路

其工作过程如下：

合上刀开关 QS，电路控制过程如图 3-16 所示。

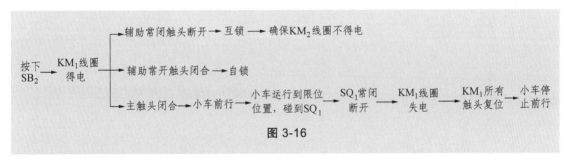

图 3-16

此时即使再按 SB_2，接触器 KM_1 的线圈也不会得电，保证小车不会超过行程开关 SQ_1 所在位置。

这时，若按下向后按钮 SB_3，电路动作过程如图 3-17 所示。

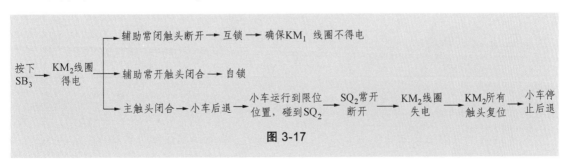

图 3-17

小车向后运行时，行程开关 SQ_1 复位（动断触头闭合）。

此时即使再按 SB_3，接触器 KM_2 的线圈也不会得电，保证小车不会超过行程开关 SQ_2 所在位置，从而实现行程控制。

按钮 SB_1 为停止按钮，可根据实际情况随时停车。

任务 3.3　三相笼型异步电动机顺序控制电路的实现、安装与调试

3.3.1　顺序控制电路的安装与调试

1. 目　的

（1）能正确识别、选配和安装刀开关、熔断器、接触器、按钮。

（2）能对电动机点动控制电路进行装配和调试。

2. 工具及器材

所需的工具及器材如表 3-3 所示。

表 3-3　工具及器材

符号	名称	型号与规格	单位	数量
1	三相交流电源	AC 3X380 V	处	1
2	工具	万用表、螺丝刀、尖嘴钳、剥线钳等	套	1
3	低压开关	隔离开关	只	1
4	熔断器	RT 系列	个	5
5	按钮	LA1-3H	个	4
6	热继电器	JR16 系列	个	2
7	接触器	CJX 系列（线圈电压 380 V）	个	2
8	电动机	笼型电动机	台	2
9	导线	BVR 1.5 mm^2 塑铜线		若干
10	实验电路板		个	1

3. 操作步骤

（1）检查所有的电器元件。电器元件应完好无损，各项技术指标符合要求。

（2）按图 3-18 所示，在控制板上安装电器元件并贴上标签。

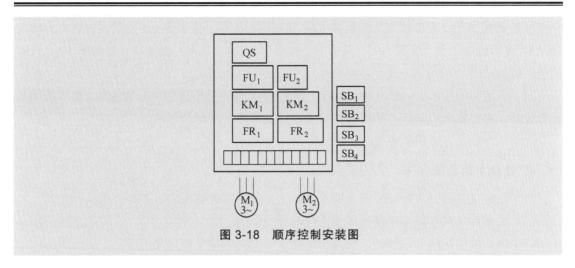

图 3-18　顺序控制安装图

（3）按图 3-19 所示接线，接线时按先主电路后控制电路、从上到下、从左到右的顺序进行。做到布线整齐，横平竖直，分布均匀，走线合理；接点牢靠，不压绝缘层，不露线芯太长等。

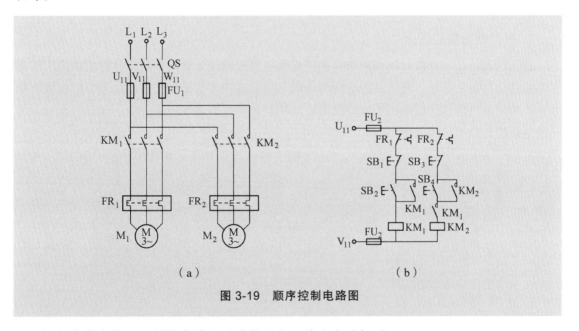

图 3-19　顺序控制电路图

（4）安装完毕，必须认真检查后才能通电。检查方法如下：

① 对照接线图进行检查。从电源开始，核对接线，检查导线接点是否牢靠。

② 用万用表进行通断检查。

先检查主电路，此时断开控制回路。万用表置于欧姆挡，将表笔分别放在 U_{11}-V_{11}、V_{11}-W_{11}、W_{11}-U_{11} 端线上，读数应接近 0；人为吸合接触器 KM_1、KM_2，再将万用表表笔分别放在 U_{11}-V_{11}、V_{11}-W_{11}、W_{11}-U_{11} 端线上，读数应为电动机绕组阻值（电动机为三角形接法）。

检查控制回路，此时断开主电路。万用表置于欧姆挡，将表笔分别放在 U_{11}-V_{11} 端线上，读数应为无穷大；按下 SB_2，万用表读数应为接触器 KM_1 线圈的电阻值；松开 SB_2，人为吸

合接触器 KM_1，万用表读数应为接触器 KM_1 线圈的电阻值。按下 SB_4，万用表读数应为接触器 KM_2 线圈的电阻值；松开 SB_4，人为吸合接触器 KM_2，万用表读数应为接触器 KM_2 线圈的电阻值。

（5）在老师的监护下，通电试车。合上开关 QS，按下启动按钮 SB_2 和 SB_4，观察接触器是否吸合，电动机是否动作。如遇异常现象，应立即停车并检查故障。

（6）试车完毕，应切断电源。

4. 安全文明要求

（1）通电试运转时应按电工安全要求操作，未经指导教师同意，不得通电。

（2）要节约导线材料（尽量利用使用过的导线）。

（3）操作时应保持工位整洁，完成全部操作后应马上把工位清理干净。

3.2.2　顺序控制电路构成与分析

一、时间继电器

1. 时间继电器的用途

时间继电器是一种按时间原则动作的继电器。它按照设定时间控制而使触头动作，即由它的感测机构接收信号，经过一定时间延时后，执行机构才会动作并输出信号，以操纵控制电路。时间继电器被广泛应用于电动机的启动控制和各种自动控制系统中，起延时作用。时间继电器的外形如图 3-20 所示。

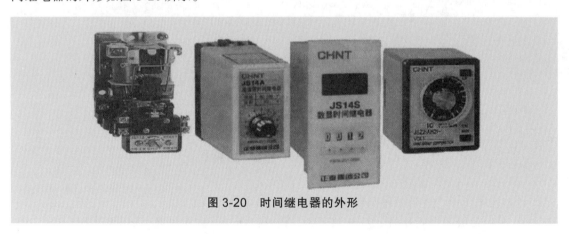

图 3-20　时间继电器的外形

2. 时间继电器的结构与原理

时间继电器分为通电延时型时间继电器和断电延时型时间继电器两类。通电延时是指时间继电器接受输入信号后，延迟一定时间，输出信号才变化；当输入信号消失后，输出瞬时动作。图 3-21（a）为空气阻尼式通电延时型时间继电器的结构示意图。断电延时是指接受输入信号后，瞬时产生输出信号；当输入信号消失后，延迟一定时间，输出才复原。图 3-21（b）为空气阻尼式断电延时型时间继电器的结构示意图。

在通电延时型时间继电器中，当线圈通电后，静铁芯将动铁芯（衔铁）吸合，瞬时触头迅速动作（推板使微动开关 16 立即动作），活塞杆在塔形弹簧作用下，带动活塞及橡皮膜向上移动，由于橡皮膜下方气室空气稀薄，形成负压，因此活塞杆不能迅速上移。当空气由进气孔进入时，活塞杆才逐渐上移。当移到最上端时，延时触头动作（杠杆使微动开关 15 动作），延时时间即为线圈通电开始至微动开关 15 动作为止的这段时间。通过调节螺杆调节进气孔的大小，就可以调节延时时间。

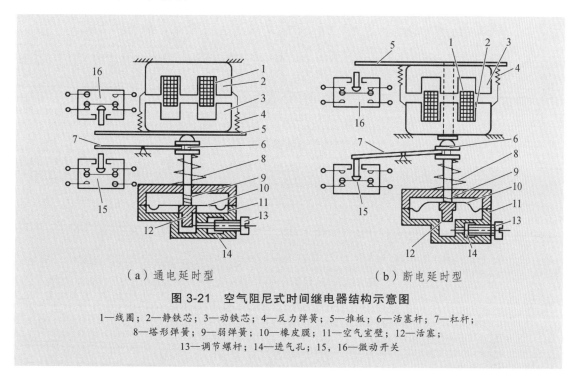

（a）通电延时型　　　　　　　　　（b）断电延时型

图 3-21　空气阻尼式时间继电器结构示意图

1—线圈；2—静铁芯；3—动铁芯；4—反力弹簧；5—推板；6—活塞杆；7—杠杆；
8—塔形弹簧；9—弱弹簧；10—橡皮膜；11—空气室壁；12—活塞；
13—调节螺杆；14—进气孔；15，16—微动开关

线圈断电时，动铁芯在反力弹簧的作用下将活塞推向最下端。因活塞往下推时，橡皮膜下方气室内的空气都通过橡皮膜、弱弹簧和活塞肩部所形成的单向阀，经上气室缝隙顺利排掉，因此瞬时触头（微动开关 16）和延时触头（微动开关 15）均迅速复位。

将电磁机构翻转 180°安装后，可形成断电延时型时间继电器，如图 3-21（b）所示。它的工作原理与通电延时型时间继电器的工作原理相似，线圈通电后，瞬时触头和延时触头均迅速动作；线圈失电后，瞬时触头迅速复位，延时触头延时复位。需要指出的是，微动开关 16 为时间继电器的瞬时动作开关，即时间继电器得电后，微动开关 16 的动合触头瞬时闭合，断电后瞬时断开。一般时间继电器均有瞬时动作的微动开关，用以检验时间继电器使用前动作机构的好坏，也可作逻辑控制使用。

3. 时间继电器的图形符号、文字符号及型号含义

时间继电器图形符号、文字符号如图 3-22 所示，型号含义如图 3-23 所示。

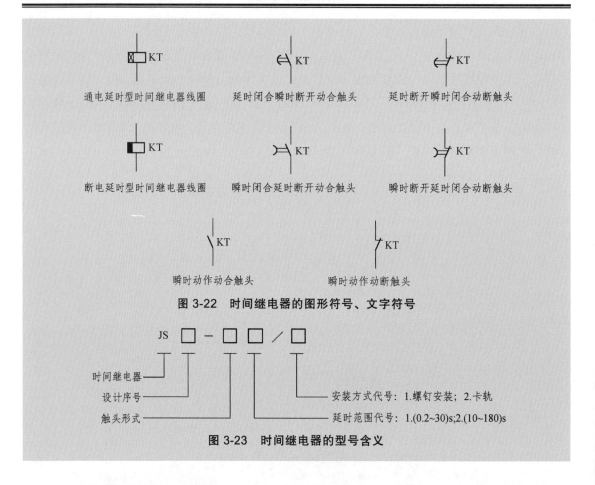

图 3-22 　时间继电器的图形符号、文字符号

图 3-23 　时间继电器的型号含义

二、电子式时间继电器

随着电子技术的发展，半导体时间继电器也迅速发展。这类时间继电器体积小、延时范围大、延时精度高、寿命长，已日益得到广泛应用。现以 JSJ 系列时间继电器为例，说明其工作原理。JSJ 型晶体管时间继电器原理图如图 3-24 所示。

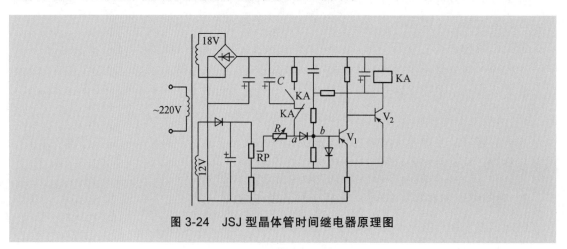

图 3-24 　JSJ 型晶体管时间继电器原理图

半导体时间继电器是利用 RC 电路电容器充电原理实现延时的。图 3-24 中有两个电源：主电源由变压器二次侧的电压经整流、滤波而得；辅助电源由变压器二次侧的 12 V 电压经整流、滤波而得。当电源变压器接上电源时，V_1 管导通、V_2 管截止，继电器 KA 不动作。两个电源分别向电容 C 充电，a 点电位按指数规律上升。当 a 点电位高于 b 点电位时，V_1 管截止、V_2 管导通，V_2 管集电极电流通过继电器 KA 的线圈，KA 各触点动作输出信号。图中 KA 的常闭触点断开充电电路，常开触点闭合使电容放电，为下次工作做好准备。调节电位器 RP，就可以改变延时的时间大小。此电路延时范围为 0.2 ～ 300 s。

半导体时间继电器的输出形式有两种——有触点式和无触点式，前者是用晶体管驱动小型电磁式继电器，后者是采用晶体管或晶闸管输出。

三、顺序控制电路的构成与分析

在多台电动机拖动系统中，有些生产工艺需要电动机顺序启动工作。例如图 3-25（a）中，要求电动机 M_1 先启动后，电动机 M_2 才允许启动。图 3-25（b）是将控制电动机 M_1 的接触器 KM_1 的动合辅助触头串入控制电动机 M_2 的接触器 KM_2 的线圈电路中，可实现按顺序工作的要求。其工作过程如下：

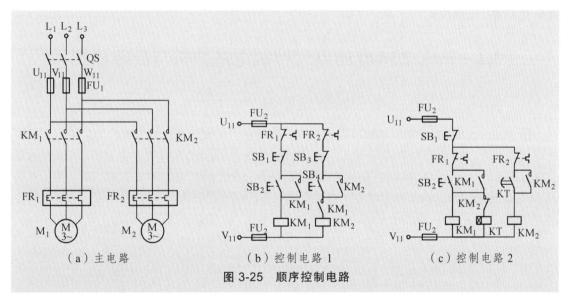

（a）主电路　　　　　（b）控制电路 1　　　　　（c）控制电路 2

图 3-25　顺序控制电路

合上刀开关 QS，

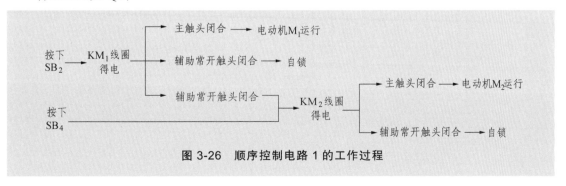

图 3-26　顺序控制电路 1 的工作过程

如果在接触器 KM_1 未得电、电动机 M_1 没有运转时按下 SB_4，接触器 KM_2 线圈因 KM_1 动合辅助触头处于断开状态而无法得电，电动机将不能启动运转，从而实现 M_1 先启动后 M_2 才启动的顺序控制要求。

若按下 SB_1，电动机 M_1、M_2 都停止运行；若按下 SB_3，电动机 M_2 停止运行。

图 3-25（c）是采用时间继电器，按时间原则顺序启动的控制电路。图中 KT 为通电延时时间继电器。其工作过程如下：

合上刀开关 QS，

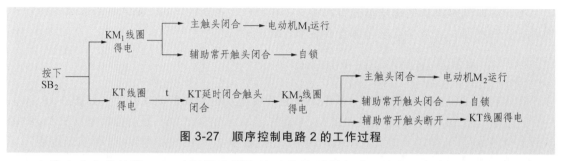

图 3-27　顺序控制电路 2 的工作过程

电路中串入接触器 KM_2 动断辅助触头的目的是顺序启动运转后，切断 KT 线圈的电源，避免其长期通电而损耗。

3.4　钻床 Z3040 的电气控制电路分析与故障检测

3.4.1　钻床 Z3040 的电气控制电路分析

图 3-28 中，M_1 为主轴电动机，主轴的正、反转由机床液压系统操纵机构配合正、反转摩擦离合器实现。M_2 为摇臂升降电动机，M_3 为液压泵电动机，M_4 为冷却泵电动机。SQ_1 为摇臂升降极限保护开关，SQ_2 和 SQ_3 是分别反映摇臂是否完全松开和夹紧并发出相应信号的位置开关，SQ_4 是用来反映主轴箱与立柱的夹紧与放松状态的信号控制开关。YV 为二位六通电磁阀。

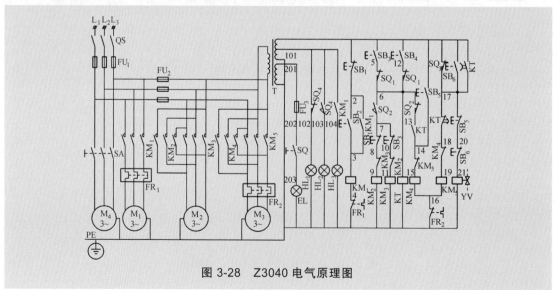

图 3-28　Z3040 电气原理图

1. 主轴电动机 M_1 的控制

合上电源开关 QS，按下 SB_2 按钮，$SB_2 \pm$——$KM_1 +$——$M_1 +$，M_1 主轴电动机启动。此时指示灯 HL_3 亮，表示主轴电动机正在旋转。须停车时按下 SB_1，$SB_1 \pm$——$KM_1 -$——$M_1 -$，M_1 停止。

2. 摇臂升降控制

摇臂的升降控制必须与夹紧机构液压系统紧密配合，其动作过程为：摇臂放松——上升或下降——夹紧。所以它与液压泵电动机的控制有着密切的关系。下面以摇臂的上升为例加以说明。

按下 SB_3：$SB_3 +$——$KT +$——$KM_4 +$——$M_3 +$ 正转，拖动液压泵送出液压油——$YV +$ 接通摇臂放松油路，液压油将摇臂放松。当摇臂完全松开后，压下位置开关 SQ_2，发出摇臂放松信号，压下 $SQ_2 +$：SQ_2（6-13）$-$——$KM_4 -$——$M_3 -$ 停止提供液压油，摇臂维持放松状态——SQ_2（6-7）$+$——$KM_2 +$——$M_2 +$ 启动，摇臂上升。当摇臂上升到位时，松开 SB_3 按钮：$SB_3 -$——$KM_2 -$——$M_2 -$ 摇臂停止上升——$KT -$—Δt—$YV -$，$KM_5 +$——$M_3 +$ 反转，拖动液压泵供出液压油，进入夹紧液压腔，将摇臂夹紧。当摇臂完全夹紧后，压下位置开关 SQ_3：SQ_3（1-17）$-$——$KM_5 -$——$M_3 -$ 停止运转，摇臂夹紧完成。

时间继电器 KT 是为保证夹紧动作在摇臂升降电动机停止运转之后而设置的，KT 延时的长短应依照摇臂升降电动机切断电源到停止时惯性的大小来进行调整。

SQ_1 是为限制摇臂升降的极限而设置的位置开关。当摇臂升降到极限位置时，SQ_1 相应的触点动作，切断对应的上升或下降接触器 KM_2 和 KM_3，使 M_2 停止运转，摇臂停止移动，从而达到限位保护的目的。SQ_1 的触点平时应调整在同时接通的位置，一旦撞击使其动作时，也应只断开一对触头，而另一对仍保持闭合。

3. 主轴箱与立柱的夹紧和放松控制

主轴箱与立柱的夹紧和放松是同时进行的，这可从图 3-28 上看出。

夹紧时：$SB_6 \pm$——$KM_5 \pm$（YV--）——$M_3 \pm$ 反转，液压油进入夹紧油腔，使主轴箱和立柱夹紧或停止。

放松时：$SB_5 \pm$——$KM_4 \pm$（YV--）——$M_3 \pm$ 正转，液压油进入松开油腔，使主轴箱和立柱放松或停止。

SQ_4 在夹紧时受压，指示灯 HL_2 亮，表示可以进行钻削加工；在主轴箱和立柱放松时，SQ_4 不受压，指示灯 HL_1 亮，表示可以进行移动调整。

4. 保护环节、照明及冷却泵电动机的控制

（1）保护环节：Z3040 型摇臂钻床主要包括短路保护、主轴电动机和液压泵电动机的过载保护、摇臂的升降限位保护等。

（2）照明电路：机床的局部照明由变压器 T 供给 36 V 的安全电压，由开关 SQ 控制照明灯 L。

（3）冷却泵电动机控制：冷却泵电动机 M_4 容量很小，仅 0.125 kW，由开关 SA 控制。

3.4.2　Z3040 型摇臂钻床常见故障分析

（1）摇臂不能上升：常见故障为 SQ_2 安装位置不当或发生移动。

（2）摇臂移动后不能夹紧：常见故障为 SQ_3 安装位置不当或松动移位。

（3）液压系统故障：Z3040 型摇臂钻床采用的是机、电、液联合控制，有的故障只凭故障现象是不能判断故障部位的，甚至机、电、液部分都有可能。比如立柱与主轴箱不能夹紧和放松，或者夹紧后不能自锁等故障，除了从电气控制角度分析外，也完全有可能是液压系统的故障。

思考与练习

1. 什么是时间继电器微动开关？其触头的动作特点是什么？

2. 什么是接近开关？它有什么特点？

3. 电压继电器和电流继电器的主要区别是什么？

4. 通电延时和断电延时时间继电器的触头动作规律是什么？

5. 行程开关和接近开关有什么主要区别？

6. 接触器能否作为失压和欠压保护？

7. 设计一个小车控制电路，画出主电路和控制电路，具体要求如下：

（1）用启动按钮控制小车启动从 A 点前进，到达 B 点后自动停止，经过 40 s 后自动后退，回到 A 点后停止。

（2）在小车来回过程中可以随时控制小车的停止。

（3）用行程开关作为 A、B 点限位保护。

8. 两台电动机 M_1 和 M_2，试按如下要求试设计控制电路：

（1）M_1 启动后，M_2 才能启动。

（2）M_2 要求实现正反转控制，并能单独停车。

（3）有短路、过载、欠电压保护。

9. 两台电动机 M_1 和 M_2，试按如下要求设计控制电路：

（1）M_1 启动后，延时一段时间后 M_2 再启动。

（2）M_2 启动后，M_1 立即停止。

10. 设计一个三台电动机的控制线路，具体要求如下：第一台电动机启动 10 s 后，第二台电动机自行启动，运行 5 s 后，第一台电动机停止，同时使第三台电动机自行启动，再运行 10 s，电动机全部停止。

模块 4　T68 卧式镗床的电气控制分析及常见故障分析

➢ 教学目标

1. 知识目标

（1）掌握三相交流异步电动机的启动、调速和制动控制电路的组成和工作过程。

（2）熟悉 T68 镗床控制线路的工作原理。

2. 技能目标

（1）能使用、检测和维护常用三相交流异步电动机；

（2）能选用常用低压电器；

（3）能熟练使用常用工具仪表；

（4）能读懂简单的电气控制图纸；

（5）具有中等难度电气控制系统设计装调能力；

（6）能诊断 T68 常见的电气故障；

（7）具备查阅专业标准专业资料的能力。

3. 素质目标

（1）通过本任务的学习，使学生具有简单控制系统设计装调能力；

（2）通过团队协作，使学生形成团队协作意识，提高沟通能力。

➢ 中华人民共和国人社部维修电工国家职业标准

（1）鉴定工种：中级维修电工。

（2）技能鉴定点见下表。

序号	鉴定代码				鉴定内容
	章	节	目	点	
1	2	2	1	2	常用变压器与异步电动机
2	2	2	1	3	常用低压电器
3	2	2	1	7	电工读图的基本知识
4	2	2	1	8	一般生产设备的基本电气控制线路
5	2	2	1	10	常用工具（包括专用工具）、量具和仪表
6	2	2	1	11	供电和用电的一般知识

任务 4.1   T68 卧式镗床的结构与电气控制

一、T68 卧式镗床的结构

镗床是一种用于加工精度要求高或孔与孔间距要求精确的工件进行钻孔、扩孔、铰孔和镗孔的机床设备，镗床还能铣削端平面和车削螺纹加工，其加工范围非常广泛。

T68 卧式镗床主要由床身、前后立柱、镗床架、尾座、上下溜板、工作台面等几部分组成，其结构如图 4-1 所示。

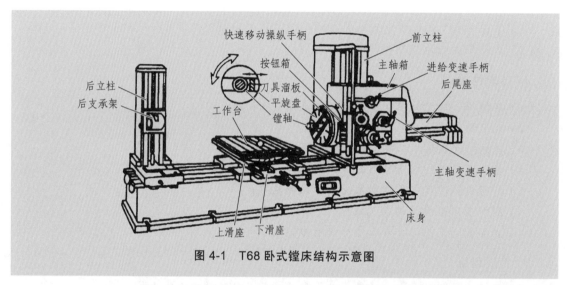

图 4-1   T68 卧式镗床结构示意图

镗床在加工时，需将工件固定装夹于工作台面，由镗杆或平旋盘上固定的刀具进行加工。

二、T68 卧式镗床的特点及控制要求

1. T68 卧式镗床拖动特点

（1）主运动：主轴旋转和平旋盘旋转运动。

（2）进给运动：主轴在主轴箱中的进给；平旋盘上刀具的径向进给；主轴箱的升降垂直进给；工作台的横向和纵向进给。这些进给运动均可采用手动或自动，且进给速度可调，并可快速移动。

（3）辅助运动：回转工作台的转动；后立柱的沿滑轨纵向运动；尾座的垂直运动。

2. T68 卧式镗床对电气控制电路的要求

（1）主运动与进给运动由一台双速电动机拖动，可选择高低速；主轴速度和进给速度可通过变速手柄控制变速行程开关实现冲动变速，从而得到更多运动速度。

（2）主电动机能正反转及点动控制。

（3）主电动机利用反接制动实现快速准确停车。

（4）快速移动电动机采用点动控制并能正/反转。

（5）主轴变速和进给变速时主轴必须采用变速冲动，以利于滑移变速齿轮的啮合和防止齿轮顶齿损坏。

三、T68 型镗床的电气原理图

T68 型镗床的电气原理图如图 4-2 所示。

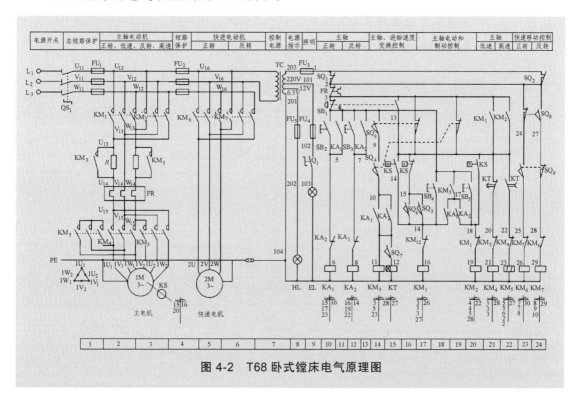

图 4-2　T68 卧式镗床电气原理图

任务 4.2　三相笼型交流异步电动机启动控制电路的实现、安装与调试

在电气控制系统中，主要以电动机作为控制对象进行控制。经长期工程实践积累，人们总结出了一些基本控制电路，电动机使用者对电动机进行控制时，可对这些基本控制电路进行选用、组合、优化、设计。本节主要介绍应用广泛的三相异步交流电动机的常用控制电路。

三相异步电动机常用控制电路包括：全压启动控制电路、降压启动控制电路、制动控制电路和调速控制电路。三相异步电动机的启动方式分为全压启动和降压启动，全压启动前面已经介绍。降压启动是在启动时降低电动机定子绕组上的电压，目的是防止全压启动时产生的过电流对电网及电气设备造成危害。启动后，再将电压恢复为电动机的额定电压，使之全压运行。

由于三相异步电动机分为笼型和绕线型，因其结构不同，降压启动方法也不同。笼型电动机降压启动控制的原则是启动时降低加在定子绕组上的电压，以限制启动电流。方法主要有Y-△启动、自耦变压器启动、延边三角形启动、定子串电阻启动等。笼型电动机降压启动时转矩小，适用于电动机轻载或空载情况。绕线型异步电动机降压启动控制的原则是启动时降低加在转子上的电压，以限制启动电流。方法主要有转子串电阻启动、串频敏变阻器启动等。绕线型异步电动机降压启动时转矩大，适用于需求大启动转矩的场合，如起重机、卷扬机等启动。下面简单介绍笼型电动机的Y-△启动、自耦变压器启动和绕线型电动机的转子串电阻启动、串频敏变阻器启动的控制电路等。

4.2.1　Y-△降压启动控制电路的安装与调试

1. 目　的

（1）能正确识别、选配和安装刀开关、熔断器、接触器、按钮。

（2）能对电动机点动控制电路进行装配和调试。

2. 工具及器材

所需工具及器材如表4-1所示。

表 4-1　工具及器材

符号	名称	型号与规格	单位	数量
1	三相交流电源	AC 3X380 V	处	1
2	工具	万用表、螺丝刀、尖嘴钳、剥线钳等	套	1
3	低压开关	隔离开关	只	1
4	熔断器	RT 系列	个	5
5	按钮	LA1-3H	个	4
6	热继电器	JR16 系列	个	2
7	接触器	CJX 系列（线圈电压 380 V）	个	3
8	时间继电器	JS-1	个	1
9	电动机	笼型电动机	台	2
10	导线	BVR 1.5 mm^2 塑铜线		若干
11	实验电路板		个	1

3. 操作步骤

（1）检查所有的电器元件。电器元件应完好无损，各项技术指标符合要求。

（2）按图4-3所示，在控制板上安装电器元件，贴上标签。

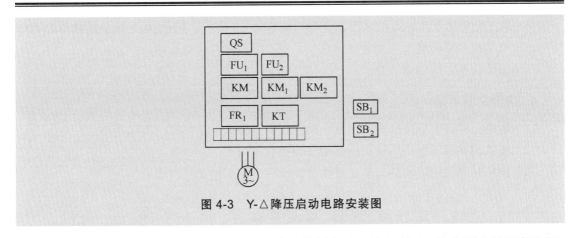

图 4-3　Y-△降压启动电路安装图

（3）按图 4-4 所示接线，接线按先主电路后控制电路、从上到下、从左到右的顺序进行。做到布线整齐，横平竖直，分布均匀，走线合理；接点牢靠，不压绝缘层，不露线芯太长等。

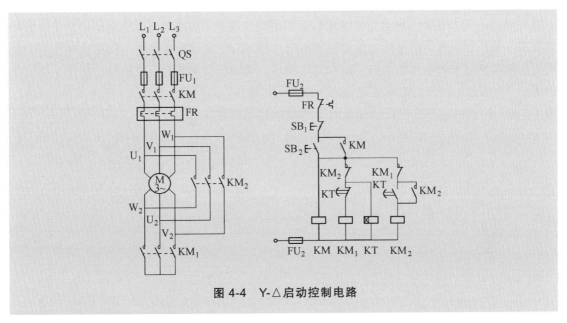

图 4-4　Y-△启动控制电路

（4）安装完毕，必须认真检查后才能通电。检查方法如下：

① 对照接线图进行检查。从电源开始，核对接线，检查导线接点是否牢靠。

② 用万用表进行通断检查。

先检查主电路，此时断开控制回路。万用表置于欧姆挡，将表笔分别放在 U_1-V_1、V_1-W_1、W_1-U_1 端线上，读数应接近 0；人为吸合接触器 KM、KM_1、KM_2，再将万用表表笔分别放在 U_1-V_1、V_1-W_1、W_1-U_1 端线上，读数应为电动机绕组阻值（电动机为三角形接法）。

检查控制回路，此时断开主电路。万用表置于欧姆挡，将表笔分别放在 U_1-V_1 端线上，读数应为无穷大；按下 SB_2，万用表读数应为接触器 KM 线圈、KM_1 线圈、KT 线圈并联的电阻值；松开 SB_2，人为吸合接触器 KM，万用表读数应为接触器 KM 线圈、KM_1 线圈、KT 线圈并联的电阻值；人为吸合接触器 KM、KM_2，万用表读数为接触器 KM 线圈、KM_2 线圈并联的电阻值。

（5）在老师的监护下，通电试车。合上开关 QS，按下启动按钮 SB$_2$，观察接触器的动作情况以及电动机的动作情况。如遇异常现象，应立即停车并检查故障。

（6）试车完毕，应切断电源。

4. 安全文明要求

（1）通电试运转时应按电工安全要求操作，未经指导教师同意，不得通电。

（2）要节约导线材料（尽量利用使用过的导线）。

（3）操作时应保持工位整洁，完成全部操作后应马上把工位清理干净。

4.2.2　Y-△降压启动电路的构成与分析

Y-△启动也称为星形-三角形降压启动，简称星-三角降压启动。Y-△启动只适用于正常额定运行时定子绕组接成三角形的三相笼型异步电动机（额定运行时，定子绕组相电压等于电动机额定电压 380 V），而且定子绕组应有 6 个接线端子。在启动时，将电动机定子绕组接成星形，每相绕组承受的电压为电源的相电压（220 V），这时电流降为全压启动电流的 1/3，避免启动电流过大对电网的影响。而在其启动后，电动机转速升到一定值时，将定子绕组改接成三角形接法，每相绕组承受的电压为电源的线电压（380 V），电动机进入正常额定运行。图 4-5 是用时间继电器完成自动切换的 Y-△启动控制电路。

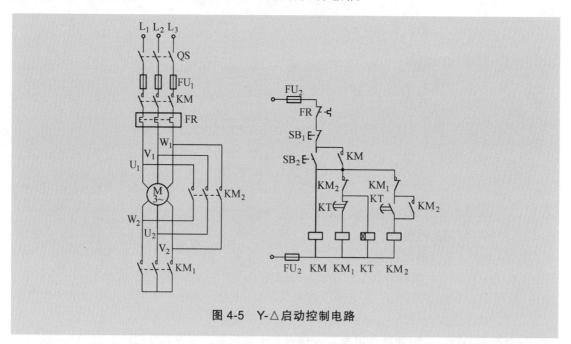

图 4-5　Y-△启动控制电路

电路工作过程为：启动时，合上刀开关 QS，按下启动按钮 SB$_2$，接触器 KM 线圈得电并自锁，接触器 KM 主触头闭合，电源到达 U$_1$、V$_1$、W$_1$ 端。同时，时间继电器 KT 及接触器 KM$_1$ 线圈得电，KM$_1$ 主触头闭合，U$_2$、V$_2$、W$_2$ 端短接，电动机定子绕组接成星形启动。这时 KM$_1$ 的动断辅助触头断开，保证了接触器 KM$_2$ 不得电。当时间继电器 KT 达到动作值时，其动断触头断开，切断 KM$_1$ 线圈电源，KM$_1$ 主触头断开，使 U$_2$、V$_2$、W$_2$ 端断开，而时间继电器 KT 动合触头闭合，由于这时 KM$_1$ 的动断辅助触头已经闭合，接触器 KM$_2$ 线圈得电，其主触头闭合，把 U$_1$ 与 W$_2$、V$_1$ 与 U$_2$、W$_1$ 与 V$_2$ 端短接，使电动机由星形启动切换为三角形额定运行。

按 SB$_1$，控制电路断电，各接触器与时间继电器线圈断电，触头释放，电动机断电停车。电路在接触器 KM$_1$ 与 KM$_2$ 之间设有互锁，防止它们同时动作造成电源短路。此外，电路转入三角形额定运行后，KM$_2$ 的动断触头断开，切除时间继电器 KT、接触器 KM$_1$，避免 KT、KM$_1$ 线圈长时间运行而空耗电能，并延长其寿命。

4.2.3　自耦变压器降压启动控制电路的构成与分析

自耦变压器启动又称补偿器降压启动。在自耦变压器降压启动的控制电路中，是依靠自耦变压器来降低加到电动机定子绕组上的电压，达到限制启动电流的目的。自耦变压器的一次侧和电源相接，自耦变压器的二次侧与电动机相接。电动机启动时，定子绕组得到的电压是自耦变压器的二次侧电压；一旦启动完毕，自耦变压器便被切除，电动机直接接至电源，即得到自耦变压器的一次侧电压，电动机进入全压运行。图 4-6 是用时间继电器实现的自耦变压器启动控制电路。

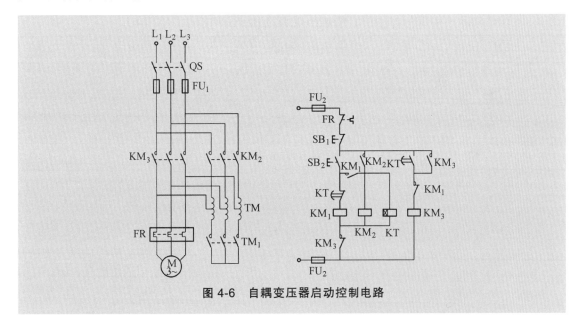

图 4-6　自耦变压器启动控制电路

电路工作过程为：启动时，合上刀开关 QS，按下启动按钮 SB$_2$，接触器 KM$_2$ 线圈得电吸合并自锁，同时因接触器 KM$_2$ 动合辅助触头闭合，使接触器 KM$_1$ 与时间继电器 KT 的线圈得电，接触器 KM$_1$、KM$_2$ 的主触头闭合，电动机定子绕组得到自耦变压器 TM 二次侧低电压，电动机降压启动。当时间继电器 KT 达到动作值时，其动断触头断开，使接触器 KM$_1$

因线圈断电而释放，KM₁ 主触头断开。与此同时，时间继电器 KT 延时闭合的动合触头闭合，使接触器 KM₃ 因线圈得电而吸合并自锁，KM₃ 主触头闭合，电动机定子绕组得到自耦变压器 TM 一次侧电压，即电源电压。而此时接触器 KM₃ 的动断辅助触头也同时断开，使接触器 KM₂、时间继电器 KT 断电而释放，KM₂ 主触头断开，将自耦变压器切除，电动机投入正常额定运行。

任务 4.3　三相笼型交流异步电动机的制动控制电路的分析、安装与调试

4.3.1　反接制动控制电路的安装与调试

1. 目　的

（1）能正确识别、选配和安装刀开关、熔断器、接触器、按钮。

（2）能对电动机点动控制电路进行装配和调试。

2. 工具及器材

所需工具及器材如表 4-2 所示。

表 4-2　工具及器材

符号	名称	型号与规格	单位	数量
1	三相交流电源	AC 3X380 V	处	1
2	工具	万用表、螺丝刀、尖嘴钳、剥线钳等	套	1
3	低压开关	隔离开关	只	1
4	熔断器	RT 系列	个	5
5	按钮	LA1-3H	个	3
6	热继电器	JR16 系列	个	2
7	接触器	CJX 系列（线圈电压 380 V）	个	2
8	电动机	笼型电动机（带速度继电器）	台	1
9	导线	BVR 1.5 mm² 塑铜线		若干
10	实验电路板		个	1

3. 操作步骤

（1）检查所有的电器元件。电器元件应完好无损，各项技术指标符合要求。

（2）按图 4-7 所示，在控制板上安装电器元件，贴上标签。

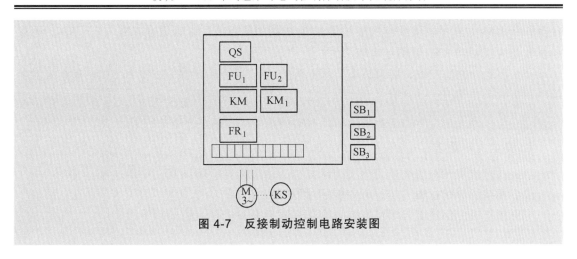

图 4-7　反接制动控制电路安装图

（3）按图 4-8 所示接线，接线时按先主电路、后控制电路，从上到下、从左到右的顺序进行。做到布线整齐，横平竖直，分布均匀，走线合理；接点牢靠，不压绝缘层，不露线芯太长等。

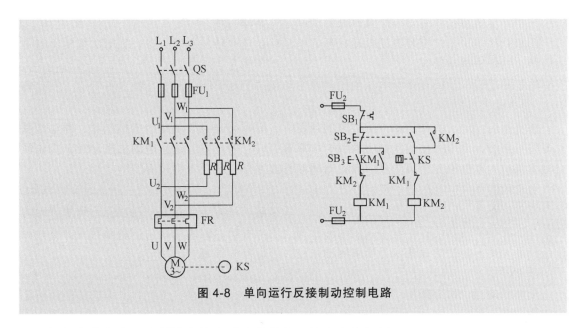

图 4-8　单向运行反接制动控制电路

（4）安装完毕，必须认真检查后才能通电。检查方法如下：

① 对照接线图进行检查。从电源开始，核对接线，检查导线接点是否牢靠。

② 用万用表进行通断检查。

先检查主电路，此时断开控制回路。万用表置于欧姆挡，将表笔分别放在 U_1-V_1、V_1-W_1、W_1-U_1 端线上，读数应接近 0。人为吸合接触器 KM_1，再将万用表表笔分别放在 U_1-V_1、V_1-W_1、W_1-U_1 端线上，读数应为电动机绕组阻值（电动机为三角形接法）。

检查控制回路，此时断开主电路。万用表置于欧姆挡，将表笔分别放在 U_1-V_1 端线上，读数应为无穷大；按下 SB_3，万用表读数应为接触器 KM_1 线圈的电阻值；松开 SB_2，人为吸

合接触器 KM_1，万用表读数应为接触器 KM_1 线圈的电阻值。人为吸合 KS，按下 SB_2，万用表读数应为接触器 KM_2 线圈的电阻值。

（5）在老师的监护下，通电试车。合上开关 QS，按下启动按钮 SB_3 和 SB_2，观察接触器及电动机的动作情况。如遇异常现象，应立即停车并检查故障。

（6）试车完毕，应切断电源。

4. 安全文明要求

（1）通电试运转时应按电工安全要求操作，未经指导教师同意，不得通电。

（2）要节约导线材料（尽量利用使用过的导线）。

（3）操作时应保持工位整洁，完成全部操作后应马上把工位清理干净。

4.3.2 反接制动控制电路的构成与分析

电动机在断开电源后，由于机械惯性，不能立即停止转动。生产中，一般要求电动机迅速而准确停转，如生产机械的精确定位，这就需要对电动机进行强迫制动。

三相异步电动机的制动方法有机械制动和电气制动两种。

机械制动是采用机械装置使电动机断开电源后迅速停转的制动方法。如电磁抱闸、电磁离合器、电磁铁制动器等。

电气制动是电动机在切断电源的同时给电动机一个和实际转向相反的电磁转矩（制动转矩），使电动机迅速停止的方法。

在实际应用中，两种制动方法常常配合使用，原则是先电气制动后机械制动，即电气制动即将结束时，采用机械装置使电动机更可靠地停转。需注意的是，电动机启动时，应先使机械抱闸机构复位松开，以防止电动机堵转而造成更大损害。本书仅介绍电气制动。

最常用的电气制动方法有反接制动和能耗制动。反接制动的能耗较大，制动时冲击力大，定位准确度不高，但制动转矩大，制动较快。反接制动适用于要求制动迅速但不频繁制动的场合。能耗制动的制动转矩较小，制动力较弱，制动不快，但能耗较小，制动转矩平滑，定位准确度较高。能耗制动适用于要求制动平稳、停位准确的场合。

下面以笼型电动机为例介绍三相异步电动机的反接制动控制电路。

反接制动的工作原理是：在电动机断电的同时，再在电动机定子绕组上重新加上调换任意两相相序的电源，使电动机产生相反方向的旋转磁场，因而产生制动转矩，使其作用于因惯性仍然运转的电动机，使电动机迅速减速、停转。

反接制动的实质是使电动机欲反转而制动，因此，当电动机的转速接近零时，应立即切断反接制动电源，否则电动机会反转。

实际控制中，采用速度继电器来检测电动机的速度变化。当电动机转速不低于 100 r/min 时，速度继电器的触头保持吸合；当电动机转速低于 100 r/min 时，速度继电器触头复位断开，切断电动机电源。

1. 单向运行反接制动控制电路

图 4-9 为单向运行反接制动控制电路。

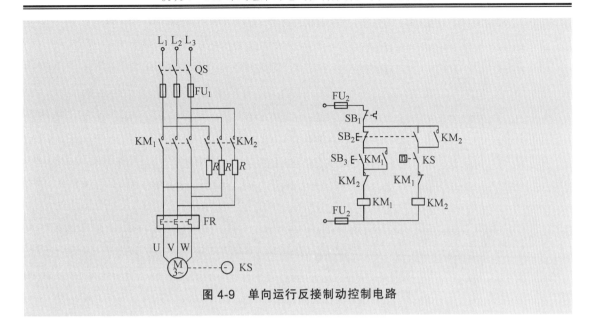

图 4-9　单向运行反接制动控制电路

图中 KM$_1$ 为单向运行接触器；KM$_2$ 为反接制动接触器；R 为反接制动电阻；KS 为速度继电器；SB$_2$ 为启动按钮；SB$_1$ 为复合停止按钮。电路工作过程如下：

启动时，合上刀开关 QS，按下启动按钮 SB$_2$，接触器 KM$_1$ 线圈因得电吸合并自锁，电源 L$_1$、L$_2$、L$_3$ 经 KM$_1$ 主触头加到电动机定子绕组 U、V、W 端上，电动机直接启动。在电动机正常运转时，速度继电器 KS 动合触头闭合，为制动做准备。因 KM$_1$ 动断触头已经断开，这时 KM$_2$ 线圈不会得电。

停车时，按下复合停止按钮 SB$_1$，其动断触头先断开，KM$_1$ 线圈失电，电动机脱离电源，惯性停车。同时 KM$_1$ 动断触头复位（合），当 SB$_1$ 动合触头闭合时，反接制动接触器 KM$_2$ 线圈因得电吸合并自锁，其主触头闭合，电源 L$_1$、L$_2$、L$_3$ 经 KM$_2$ 主触头、限流电阻 R 加到电动机定子绕组 U、W、V 端上，即加到电动机定子绕组上的电源相序与停车前相比被调换两相，电动机得到与停车前转动方向相反的制动转矩，此刻，电动机进行反接制动。当电动机转速低于速度继电器动作值时（约为零速），速度继电器动合触头复位（开），接触器 KM$_2$ 线圈失电，KM$_2$ 触头复位，制动结束，电动机停转。

反接制动时，旋转磁场与转子的相对速度很高，感应电动势很大，所以转子电流比直接启动时的电流还大。反接制动电流一般为电动机额定电流的 10 倍左右，故在电路中串联电阻 R 以限制反接制动电流。一般制动电阻常用对称接法，即三相分别串接相同的制动电阻。

2. 双向启动反接制动控制电路

图 4-10 所示为双向启动反接制动控制电路。图中 R 既是反接制动电阻，又是降压启动中限流的启动电阻；KS 为速度继电器动合触头；KM$_1$、KM$_2$ 为反接制动接触器；KA$_1$～KA$_4$ 为中间继电器；SB$_2$、SB$_3$ 为正、反转控制复合启动按钮；SB$_1$ 为停止按钮。其工作过程如下：

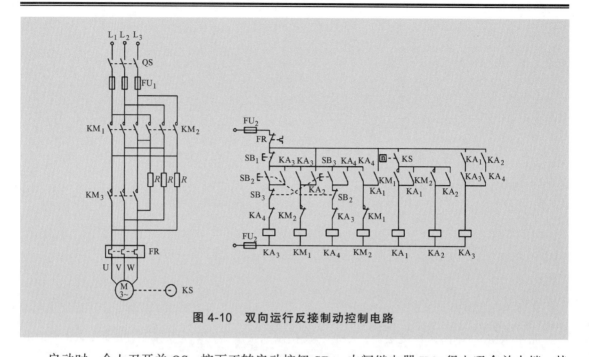

图 4-10　双向运行反接制动控制电路

启动时，合上刀开关 QS，按下正转启动按钮 SB_2，中间继电器 KA_3 得电吸合并自锁，其动断触头断开，KA_4 线圈不能得电，KA_3 动合触头闭合，KM_1 线圈得电，KM_1 主触头闭合，电源 L_1、L_2、L_3 经 KM_1 主触头、电阻 R 降压限流后加到电动机定子绕组 U、V、W 上，电动机串电阻降压启动。当电动机转速达到一定值时，KS 闭合，KA_1 得电自锁。这时由于 KA_1、KA_3 的动合触头闭合，KM_3 得电，KM_3 主触头闭合，电阻 R 被短接，电源 L_1、L_2、L_3 经 KM_1 与 KM_3 主触头直接加到电动机定子绕组 U、V、W 上，电动机完成定子绕组串电阻降压启动过程，进入正常运行。在电动机正常运转过程中，若按停止按钮 SB_1，则 KA_3、KM_1、KM_3 的线圈相继失电，由于惯性，这时 KS 仍处于闭合（尚未复位），KA_1 线圈仍处于得电状态，所以在 KM_1 动断触头复位后，KM_2 线圈便得电，其动合触头闭合，电源 L_1、L_2、L_3 经 KM_2 主触头、电阻 R 降压限流后加到电动机定子绕组 W、V、U 上，即加到电动机定子绕组上的电源相序与停车前相比被调换两相，电动机得到与停车前转动方向相反的制动转矩，此刻，电动机进行反接制动，电动机转速迅速下降。当电动机转速低于速度继电器动作值时，速度继电器动合触头复位，KA_1 线圈失电，KM_2 释放，反接制动结束，电动机停转。

电动机反向启动和制动停车过程与正转时相同，这里不再阐述。

电路中复合启动按钮 SB_2、SB_3 起机械互锁作用，中间继电器 KA_3、KA_4 动断触头起电气互锁作用，防止因误操作引起电源短路。

4.3.3　能耗制动控制电路

能耗制动的工作原理是：电动机脱离三相电源后，在定子绕组上加一个直流电压，即接入直流电流，利用转子感应电流和静止磁场的相互作用，产生电磁制动转矩，以此对电动机进行制动，使电动机迅速减速、停转。

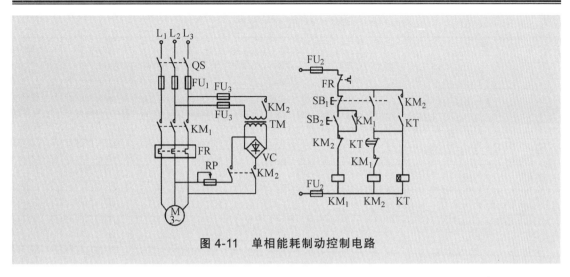

图 4-11　单相能耗制动控制电路

图 4-11 为时间继电器控制的电动机单向能耗制动控制电路。图中 KM₁ 为单向运行接触器；KM₂ 为能耗制动接触器；KT 为通电延时时间继电器；TM 为变压器；VC 为整流装置；RP 为变阻器；SB₁ 为复合按钮。其工作过程如下：

设电动机正常运行，若按下停止按钮 SB₁，KM₁ 线圈失电释放，电动机脱离三相电源，KM₂ 线圈得电自锁，KT 线圈同时得电，KM₂ 主触头闭合，直流电源（交流电源经变压器 TM 变压、VC 整流装置整流）加入定子绕组，产生静止磁场。由于电动机仍在惯性转动，转子产生的感应电流与静止磁场相互作用，产生与电动机转动方向相反的制动转矩，电动机进入制动。

当电动机速度接近于零时，时间继电器延时打开的动断触头断开，KM₂ 线圈失电，KM₂ 动合辅助触头复位（开），KT 线圈失电，电动机能耗制动结束。

图中 KT 的瞬时动合触头的作用是当出现时间继电器 KT 线圈断线或机械卡住故障时，即使按下 SB₁，接触器 KM₂ 也不能自锁长期得电，从而避免出现电动机定子绕组中长期流过直流电流的现象。变阻器 RP 的作用是限流和消耗能耗制动时由机械能转化来的电能。

任务 4.4　笼型异步电动机调速控制电路分析、安装与调试

4.4.1　变极调速控制电路的安装与调试

1. 目　的

（1）能正确识别、选配和安装刀开关、熔断器、接触器、按钮。

（2）能对电动机点动控制电路进行装配和调试。

2. 工具及器材

所需工具及器材见表 4-4。

表 4-4　工具及器材

符号	名称	型号与规格	单位	数量
1	三相交流电源	AC 3X380 V	处	1
2	工具	万用表、螺丝刀、尖嘴钳、剥线钳等	套	1
3	低压开关	隔离开关	只	1
4	熔断器	RT 系列	个	5
5	按钮	LA1-3H	个	4
6	热继电器	JR16 系列	个	2
7	接触器	CJX 系列（线圈电压 380 V）	个	2
8	电动机	笼型电动机	台	2
9	导线	BVR 1.5 mm² 塑铜线		若干
10	实验电路板		个	1

3. 操作步骤

（1）检查所有的电器元件。电器元件应完好无损，各项技术指标符合要求。

（2）按图 4-12 所示，在控制板上安装电器元件，贴上标签。

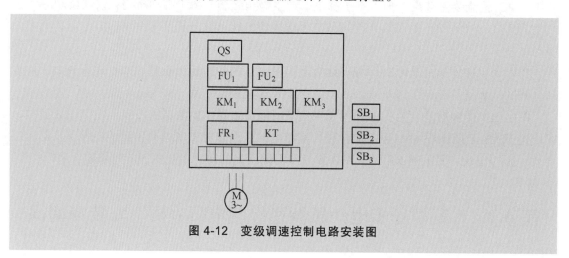

图 4-12　变级调速控制电路安装图

（3）按图 4-13 所示接线，接线顺序为先主电路、后控制电路，从上到下、从左到右。做到布线整齐，横平竖直，分布均匀，走线合理；接点牢靠，不压绝缘层，不露线芯太长等。

（4）安装完毕，必须认真检查后才能通电。检查方法如下：

① 对照接线图进行检查。从电源开始，核对接线，检查导线接点是否牢靠。

② 用万用表进行通断检查。

先检查主电路，此时断开控制回路。万用表置于欧姆挡，将表笔分别放在 U_{11}-V_{11}、V_{11}-W_{11}、W_{11}-U_{11} 端线上，读数应接近 0；人为吸合接触器 KM_1，再将万用表表笔分别放在 U_{11}-V_{11}、V_{11}-W_{11}、W_{11}-U_{11} 端线上，读数应为电动机绕组阻值（电动机为三角形接法）。

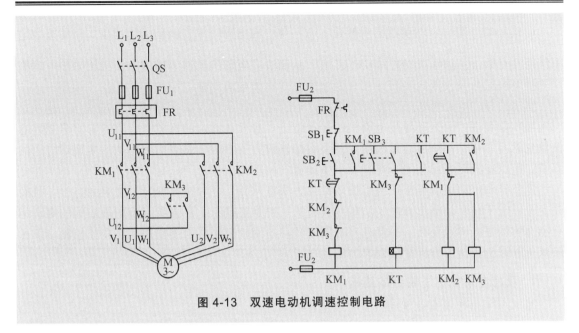

图 4-13　双速电动机调速控制电路

检查控制回路，此时断开主电路。万用表置于欧姆挡，将表笔分别放在 U_{11}-V_{11} 端线上，读数应为无穷大；按下 SB₂，万用表读数应为接触器 KM₁ 线圈的电阻值；松开 SB₂，人为吸合接触器 KM₁，万用表读数应为接触器 KM₁ 线圈的电阻值；按下 SB₃，万用表读数应为接触器 KM₁ 线圈、KT 线圈并联的电阻值；松开 SB₃，人为吸合 KM₂，万用表读数应为接触器 KM₂ 线圈、KM₃ 线圈并联的电阻值。

（5）在老师的监护下，通电试车。合上开关 QS，按下启动按钮 SB₂ 和 SB₄，观察接触器是否吸合，电动机是否动作。如遇异常现象，应立即停车并检查故障。

（6）试车完毕，应切断电源。

4. 安全文明要求

（1）通电试运转时应按电工安全要求操作，未经指导教师同意，不得通电。

（2）要节约导线材料（尽量利用使用过的导线）。

（3）操作时应保持工位整洁，完成全部操作后应马上把工位清理干净。

4.4.2　变极调速控制电路构成与分析

由电动机原理可知，三相异步电动机转速 n_1 与电网电压频率 f_1、定子的磁极对数 p 及转差率 s 的关系为

$$n_1 = (1-s)n_0 = (1-s) \cdot \frac{60 f_1}{p}　　　　　　（4-1）$$

根据式（4-1）可知，改变电网电压频率 f_1、定子的磁极对数 p 及转差率 s，均可实现调速的目的。所以三相异步电动机的调速有变极调速、变频调速和变转差率调速三大类。

由式（4-1）可知，电动机同步转速 $n_0 = \dfrac{60f_1}{p}$，在电源频率 f_1 一定的情况下，只要改变定子绕组极对数 p，就可以改变同步转速 n_0，从而改变电动机转速。通过变换三相异步电动机定子绕组极对数而改变同步转速实现调速的方式称为变极调速。

绕线式异步电动机定子绕组极对数改变后，它的转子绕组必须相应地重新组合，这在生产现场难以实现。而笼型异步电动机的转子绕组本身没有固定的极数，能够随着定子绕组的极数变化而变化，一般可通过改变定子绕组的连接方式来改变磁极对数，从而实现对转速的调节。所以变极调速仅适用于笼型异步电动机。

笼型异步电动机变换定子绕组极对数的方法有两种：一种是改变定子绕组的连接，从而改变流经定子绕组的电流方向，实现变极；另一种是在定子上设置具有不同极对数的两套相互独立的绕组，实现变极。一台电动机同时采用这两种方法可最多实现 4 级调速控制。下面以双速电动机为例来分析变极调速控制。

1. 双速电动机定子绕组的连接

图 4-14 是 4/2 极双速电动机定子线组接线示意图。

图 4-14（a）中将定子绕组 U_1、V_1、W_1 接线端接电源，U_2、V_2、W_2 接线端悬空，则电动机定子绕组接成三角形，此时电动机磁极为 4 极（2 对磁极对数），形成低速运行。每相绕组中的两个线圈串联，电流参考方向如图 4-14（a）中箭头所示。

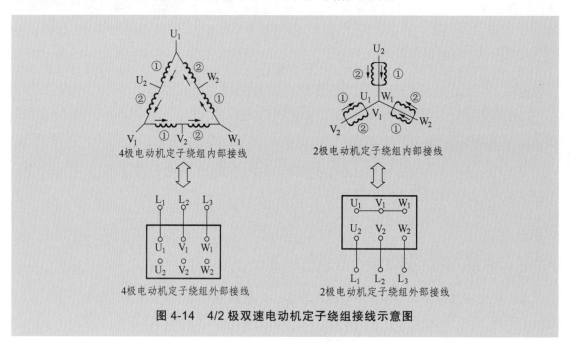

4极电动机定子绕组内部接线　　　　2极电动机定子绕组内部接线

4极电动机定子绕组外部接线　　　　2极电动机定子绕组外部接线

图 4-14　4/2 极双速电动机定子绕组接线示意图

图 4-14（b）中将接线端 U_1、V_1、W_1 连在一起，U_2、V_2、W_2 接电源，则电动机定子绕组接成双星形，此时磁极为 2 极（一对磁极对数），形成高速运行。每相绕组中的两个线圈并联，电流参考方向如图 4-14（b）中箭头所示。由原来 4 极电动机改为 2 极电动机，如果电源频率为 50 Hz，则同步转速由 1 500 r/min 变为 3 000 r/min。注意：电动机从低速转为高速时，为保证电动机旋转方向不变，应相应改变电源相序。

2. 双速电动机调速控制电路

双速电动机调速控制电路如图 4-15 所示。图中 KM_1 工作时，电动机为低速运行；KM_2、KM_3 工作时，电动机为高速运行，注意切换后相序已改变。SB_2、SB_3 分别为低速和高速启动按钮。

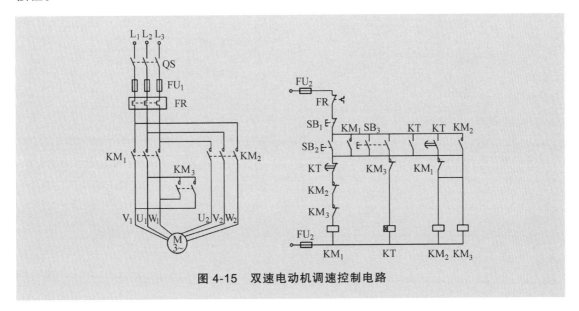

图 4-15　双速电动机调速控制电路

电路工作过程：启动时，合上刀开关 QS，按低速按钮 SB_2，接触器 KM_1 得电自锁，电动机接成三角形，低速运转。若按高速启动按钮 SB_3，KM_1 线圈得电自锁，KT 线圈得电，并因瞬动动合触头闭合而自锁，电动机先低速运转。当 KT 延时到时，KT 动断触头断开，KM_1 线圈失电，然后 KM_2、KM_3 线圈得电自锁，KM_3 得电使时间继电器 KT 线圈断电，故自动切换使 KM_2、KM_3 工作，电动机高速运行，从而实现两级调速控制。

高速运行时，采用先低速后高速的控制，目的是限制启动电流。

任务 4.5　T68 卧式镗床电气原理与故障检测

4.5.1　T68 卧式镗床电气控制原理图分析

图 4-16 为 T68 型卧式镗床的电气原理图。其中 M_1 为双速主电动机，M_2 为快速进给移动电动机。控制变压器 TC 二次侧三组抽头，从上往下分别经过 FU_4 为控制电路供电、信号电源、经过 FU_3 为照明电路供电。

此机床共安装了 9 个位置开关，其安装位置和作用介绍如下。

（1）位置开关 SQ 安装在主轴变速手柄下，操作变速手柄可以压动 SQ，SQ 断开，双速电动机为低速转动，SQ 闭合，经过一定时间主电动机切换为高速转动。

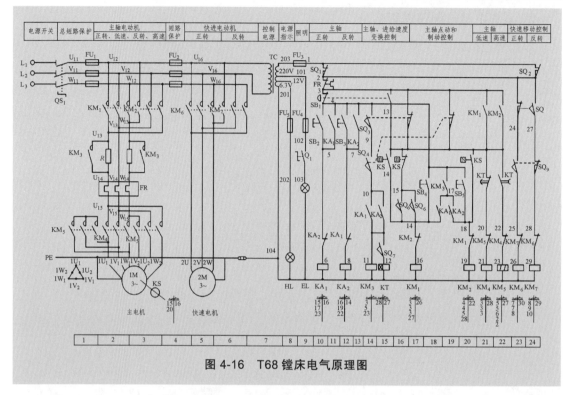

图 4-16　T68 镗床电气原理图

（2）位置开关 SQ_1 和 SQ_2 进行安全保护联锁，两者采用并联。SQ_1 受快速移动手柄操纵，SQ_2 受主轴和平旋盘进给手柄操纵。若这两个手柄中只有一个处于"进给"位置，则 SQ_1 和 SQ_2 中只有一个会断开，因此控制电路仍然通电；若是正在快速移动，又要镗头进给，则 SQ_1 和 SQ_2 都将被压开，控制电路断电，机床停止工作。

（3）位置开关 SQ_3、SQ_6 安装在主轴变速操纵盘下，拉出主轴变速操纵盘，SQ_3 和 SQ_6 动作。SQ_3 动作，主轴电动机停止并反接制动；SQ_6 动作，主轴低速冲动进行机械调速。调速完成推入主轴变速操纵盘，SQ_3 和 SQ_6 复位，主轴以新速度旋转。

（4）位置开关 SQ_4 和 SQ_5 安装在进给变速操纵手柄下，动作过程与 SQ_3、SQ_6 相似，用于调整主轴和平旋盘的进给速度。

（5）位置开关 SQ_7 和 SQ_8 安装在快速移动操纵手柄下。手柄扳到正向位置，SQ_7 动作；手柄扳到反向位置，SQ_8 动作。

1. 主轴电动机 M_1 的控制电路

1）主电动机的正、反转控制

按下按钮 SB_2，继电器 KA_1 线圈得电吸合，9 号区域 KA_1 常开触点闭合自锁，17 号区域 KA_1 常开触点闭合，由于位置开关 SQ_3、SQ_4 均处于压合状态，接触器 KM_3 线圈得电吸合，2 号区域 KM_3 主触头闭合切除能耗电阻 R，19 号区域 KM_3 辅助常开触点闭合，接触器 KM_1 线圈得电吸合，接通电动机 M_1 正转电源，同时 22 号区域 KM_1 辅助常开触点闭合，接触器 KM_4 线圈得电吸合，电动机 M_1 绕组接成三角形正向低速启动。反转时按下按钮 SB_3，动作原理同上，所不同的是反转时是中间继电器 KA_2 和接触器 KM_2 线圈得电吸合。

2）主轴电动机 M_1 的点动控制

按下正向点动按钮 SB_4，接触器 KM_1 线圈得电吸合，KM_1 常开触头闭合，KM_4 线圈得电吸合，KM_1、KM_4 主触头闭合，电动机 M_1 接成三角形并串电阻 R 点动。同理，按下反向点动按钮 SB_5，M_1 反向点动。

3）主轴电动机 M_1 的停车制动

在电动机 M_1 正转时，按下停止按钮 SB_1，其动断触头断开，动合触头闭合，继电器 KA_1 和接触器 KM_3 线圈断电释放，KM_3 常开触点断开，KM_1 线圈断电释放，电动机 M_1 断电做惯性运转，此时速度继电器 SR_2 常开触头仍处于闭合状态，因此接触器 KM_2 迅速得电吸合。在按下停止按钮时，由于 KM_1 和 KM_2 切换极快，因此 KM_4 线圈将始终保持得电吸合状态，这时电动机 M_1 得到反向电磁转矩，接成三角形串电阻 R 进行反接制动。当电动机转速低于 100 r/min 时，速度继电器 SR_2 常开触头断开，接触器 KM_2 和 KM_4 断电释放，电动机 M_1 停转。电动机 M_1 反转时的制动过程同上，由速度继电器 SR_1 和 KM_1、KM_4 提供反接制动转矩。

4）主轴电动机 M_1 的高、低速控制

若需电动机 M_1 高速运行，应先将主轴变速手柄扳到高速，则位置开关 SQ 闭合。按下正转启动按钮 SB_2（反转按下 SB_3），KA_1 得电吸合，时间继电器 KT 线圈得电，KM_1、KM_4 线圈得电吸合，电动机先以三角形接法低速启动。延时时间到，则 KT 常闭触头断开，KM_4 断电，同时 KT 常开触头闭合，KM_5 线圈得电吸合，电动机 M_1 接成双星形连接，以高速运行。

5）主轴变速和进给变速控制

同时压下主轴变速位置开关 SQ_3 和主轴变速冲动位置开关 SQ_6 后，主轴停止并反接制动然后低速冲动进行机械调速，调速完成，松开 SQ_3 和 SQ_6，主轴则以新速度运转。进给变速和主轴变速相同，只是采用 SQ_4 和 SQ_5。

2. 快速移动电动机 M_2 的控制

压合位置开关 SQ_8，接触器 KM_6 线圈得电吸合，电动机 M_2 正转启动，快速正向移动；压合 SQ_7，KM_7 线圈得电吸合，M_2 反向启动，反向快速移动。

4.5.2　常见故障及判断排除方法

（1）故障现象：打开电源开关，无电源指示，所有操作无效。

排除方法：检查电源进线是否有电，检查 FU_1、FU_2 是否熔断。

（2）故障现象：电源指示正常，电动机 M_1、M_2 均不能启动。

排除方法：检查 FU_4 是否熔断，检查 SQ_1、SQ_2 是否都处于断开状态。

（3）故障现象：继电器 KA_1 或 KA_2 能够吸合，但主轴电动机 M_1 无法启动。

排除方法：观察 KM_3 是否吸合，如果未吸合，则需检查 SQ_3、SQ_4 常开触头是否处于闭合状态；如果 KM_3 吸合，则依次检查 KM_1（或 KM_2）、KM_4 是否吸合，线圈是否有电压。

（4）故障现象：主轴电动机 M_1 不能正常切换高低速。

排除方法：将主轴变速手柄切换到高速，检查位置开关 SQ 是否闭合，检查时间继电器

延时时间到了后接触器 KM_4、KM_5 是否有动作。

（5）故障现象：主轴电动机停车无反接制动。

排除方法：以正转状态为例，按住停车按钮 SB_1，观察 KM_2 是否吸合，如未吸合，检查速度继电器 SR_2 常开触头是否闭合（可通过检查 KM_2 线圈电压验证），注意，这个时间较为短暂，检查时要求动作迅速。

（6）故障现象：主轴变速或者进给变速无反应。

排除方法：检查变速操纵手柄是否到位，检查 SQ_3 或 SQ_4 是否动作正常，其常闭触头是否闭合，检查速度继电器常闭触头是否处于闭合状态。

思考与练习

1. 降压启动的目的是什么？通常采用降压启动方式有哪些？
2. 何为三相异步电动机的机械制动和电气制动？常用的电气制动方法有哪些？
3. 三相交流异步电动机的电气调速方法主要有哪些？

模块5　直流电动机拆装及控制电路的安装与调试

➢ **教学目标**

1. 知识目标

（1）熟悉直流电动机的结构、工作原理、铭牌数据、拆装方法。

（2）熟悉直流电动机的机械特性。

（3）掌握直流电动机的励磁方式及分类。

（4）掌握直流电动机电枢电势和电磁转矩。

（5）掌握直流电动机的启动控制和正反转控制线路，会说出操作过程和工作原理。

2. 技能目标

（1）能对工程中常用直流电动机进行拆装。

（2）正确合理地将直流电动机应用在生产中。

（3）学会直流电动机的启动控制、正反转控制线路的分析方法。

（4）直流电动机启动控制、正反转控制线路的安装。

➢ **中华人民共和国人社部维修电工国家职业标准**

（1）鉴定工种：中级维修电工。

（2）技能鉴定点见下表。

序号	鉴定代码				鉴定内容
	章	节	目	点	
1	2	2	1	1	直流电与电磁的基本知识
2	2	2	1	3	常用低压电器
3	2	2	1	7	电工读图的基本知识
4	2	2	1	8	一般生产设备的基本电气控制线路
5	2	2	1	10	常用工具（包括专用工具）、量具和仪表
6	2	2	1	11	供电和用电的一般知识

任务 5.1　直流电动机的结构、工作原理与拆装

直流电机是通以直流电流的旋转电机，是电能和机械能相互转换的设备。将机械能转换为电能的是直流发电机，将电能转换为机械能的是直流电动机。与交流电机相比，直流电机结构复杂，制造工艺复杂，成本高，运行维护较困难，可靠性差。但直流电动机调速性能好，启动转矩大，过载能力强，在启动和调速要求较高的场合仍获得广泛应用。在航空、电力机车、化工、冶金、大型同步发电机、汽车电瓶充电、电动工具等行业中仍继续使用。直流电机是一种可逆电机，发电机和电动机在原理、结构上实质相同。

5.1.1　直流电动机的拆装

1. 目　的

（1）熟悉直流电动机的结构。

（2）掌握直流电动机拆装工艺。

2. 工具及器材

所需工具及器材见表 5-1。

表 5-1　工具及器材

符号	名称	型号与规格	单位	数量
1	直流电动机	直流电动机	台	1
2	电动工具	顶拨器、活扳手、榔头、螺丝刀、紫铜棒、钳子等	套	1
3	兆欧表	兆欧表	只	1
4	万用表	万用表	只	1

3. 操作步骤

拆卸前的准备工作如下：

（1）观察直流电动机的结构，抄录电动机的铭牌数据。

（2）用手拨动电动机的转子，观察其转动情况是否良好。

（3）在端盖与机座的连接处、刷架等处做好明显的标记，以便于装配。

拆装工艺如图 5-1 所示，拆卸步骤如下：

（1）拆除电动机接线盒内的连接线。

（2）拆下换向器端盖（后端盖）上通风窗的螺栓，打开通风窗，从刷匣中取出电刷，拆下接到刷杆上的连接线。

（3）拆下换向器端盖的螺栓、轴承盖螺栓，并取下轴承外盖。

（4）拆卸换向器端盖。拆卸时在端盖下方垫土木板等软材料，以免端盖落下时碰裂，用手锤通过铜棒沿端盖四周边缘均匀地敲击。

（5）拆下轴伸端端盖（前端盖）的螺栓，把连同端盖的电枢从定子内小心地抽出来。注意不要碰伤电枢绕组、换向器及磁极绕组，并用厚纸或布将换向器包好，用绳子扎紧。

（6）拆下前端盖上的轴承盖螺栓，并取下轴承外盖。

（7）将连同前端盖在内的电枢放在木架上或木板上，并用纸或布包好。

直流电动机维护或修复后的装配顺序与拆卸顺序相反，并要按所做标记校正电刷的位置。

电动机装配后进行如下检验：（1）用兆欧表检查绝缘电阻；（2）用万用表检查各绕组的直流电阻。

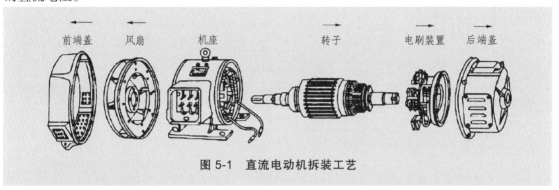

图 5-1　直流电动机拆装工艺

4. 安全文明要求

（1）通电试运转时应按电工安全要求操作，未经指导教师同意，不得通电。

（2）要节约导线材料（尽量利用使用过的导线）。

（3）操作时应保持工位整洁，完成全部操作后应马上把工位清理干净。

5.1.2　直流电动机的工作原理

图 5-2 是直流电动机的原理图。用一对 N、S 磁铁来模仿定子磁极，abcd 是固定在电枢铁芯上的线圈，线圈的首末端 a、d 连接到两个相互绝缘并可随线圈一同旋转的换向片上。电枢线圈与外电路的连接是通过放置在换向片上固定不动的电刷进行的。把电刷 A、B 接上直流电源，假设电刷 A 与电源正极相连，则电流从 A 流入线圈，从 B 流出，此时在电枢绕组中将有电流流过。图 5-2（a）中导体 ab 在 N 极下，导体 cd 在 S 极下。用左手定则可判断出线圈 ab 边受力向左，cd 边受力向右，形成一个转矩，这个转矩称为电磁转矩。在电磁转矩的作用下电枢逆时针转动，如图 5-2（a）所示。

当线圈两边分别转到另一磁极下时，它们所接触的电刷也已改变，线圈中电流的方向与原来相反，如图 5-2（b）所示，用左手定则可判断出，ab 边受力向右，cd 边受力向左，电枢仍按逆时针转动。这样，通过电刷与换向器，使得处于 N 极下的线圈边内的电流总是从电刷向线圈流入，而处于 S 极下的线圈边内的电流总是从线圈向电刷流出，从而使电枢总是获得逆时针转动的转矩，而保持转动方向不变。由此可以归纳出直流电动机的工作原理：直流电动机在电枢线圈加入直流电的作用下，在导体中形成电流，载流导体在磁场中将受到电磁力的作用而旋转，借助电刷和换向器的作用，使直流电动机受到方向不变的转矩作用连续运转，从而将直流电能转换为机械能。

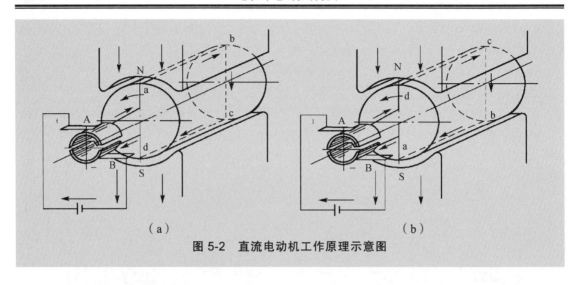

图 5-2　直流电动机工作原理示意图

5.1.3　直流电动机的基本结构

图 5-3 所示为 Z 系列直流电动机的外形结构图。直流电机可分为固定的定子和转动的转子（又称电枢）两大部分，其剖面结构如图 5-4 所示。

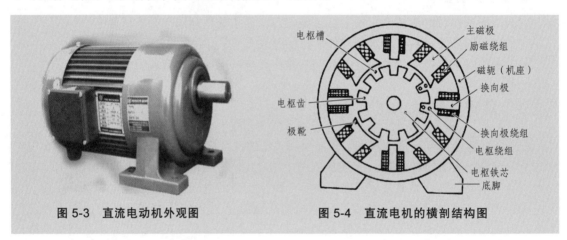

图 5-3　直流电动机外观图　　　　图 5-4　直流电机的横剖结构图

一、直流电机的定子部分

直流电机的定子由主磁极、换向磁极、端盖、机座以及电刷装置等组成，如图 5-5 所示。

1. 主磁极

主磁极用于产生主磁场，使电枢绕组感应电动势。它由主磁极铁芯和主磁极绕组（励磁绕组）组成。铁芯用 0.5～1.5 mm 的低碳钢板叠压而成，主磁极 N、S 交替布置，均匀分布并用螺钉固定在机座上。为使主磁通在气隙中分布更合理，铁芯的下部称为极靴，它的端面为弧形。铁芯的上部称为极身，截面为矩形。主磁极铁芯起到导磁作用，它是定子磁路的一部分，同时又对励磁绕组起到支撑和固定作用。励磁绕组常采用铜线绕制，一般为集中绕组，通入直流电流产生磁场。主磁极的结构如图 5-6 所示。

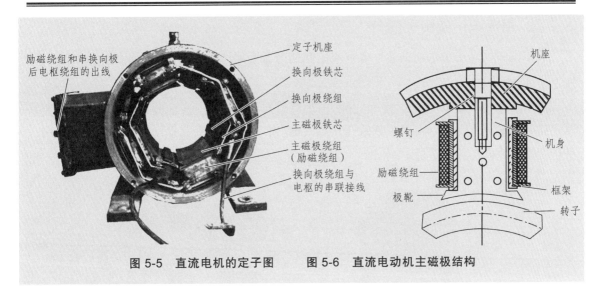

图 5-5　直流电机的定子图　　图 5-6　直流电动机主磁极结构

2. 换向磁极

换向磁极用于改善直流电机的换向，减小火花。它由铁芯和套在铁芯上的换向极绕组组成。铁芯常用整块钢或厚钢板制成，匝数不多的换向极绕组与电枢绕组串联。它设在两个相邻的主磁极之间。它的铁芯比主磁极铁芯要小而且无极靴。在铁芯和底座间垫有垫片。换向极的极数一般与主磁极的极数相同。

3. 定子机座

定子机座既是电机的外壳，又是电机磁路的一部分，同时还起到导磁和机械支撑的作用，一般用低碳钢铸成或用钢板焊接而成。机座的两端有端盖。中小型电机前后端盖都装有轴承，用于支撑转轴。大型电机则采用座式滑动轴承。

4. 电刷装置

电刷装置的作用是使转动部分的电枢绕组与外电路接通，将直流电压、电流引出或引入电枢绕组。它与换向器相配合，起整流器或逆变器的作用。电刷装置由电刷、刷握、刷杆、刷杆座和组成，如图 5-7 所示。电刷一般采用石墨和铜粉压制焙烧而成，它放置在刷握中，由弹簧将其压在换向器的表面上。电刷杆数一般等于主磁极的数目。

图 5-7　直流电机的电刷布置　　　图 5-8　直流电机的转子

二、直流电机的转子部分

直流电机的转子由电枢铁芯、电枢绕组和换向器等部件组成，如图 5-8 所示。

1. 电枢铁芯

电枢铁芯通常用 0.35 mm 或 0.5 mm 厚的硅钢片叠装而成，片间涂有绝缘漆。电枢铁芯是电机磁路的一部分，电枢绕组放置在铁芯的槽内，起到导磁和支撑固定电枢绕组的作用，如图 5-9 所示。

2. 电枢绕组

电枢绕组是由许多按一定规律连接的线圈组成，它是直流电机的主要电路部分。它的作用是产生感应电动势和电磁转矩，从而实现机电能量的转换。电枢绕组是用绝缘铜线制成元件，然后嵌放在电枢铁芯槽内，每个线圈（元件）有两个出线端，分别接到换向器的两个换向片上。所有线圈按一定规律连接成一闭合回路。直流电机的电枢绕组可分为单叠、单波、复叠、复波等几类。

3. 换向器

换向器是直流电机的重要部件。它与电刷配合，在直流发电机中，它将电枢绕组内部的交流电动势转换为电刷间的直流电动势；在直流电动机中，它将电刷上的直流电流转换为绕组内的交流电流。换向器由许多梯形铜排制成的彼此绝缘的换向片组成，如图 5-10 所示。换向片数与线圈元件数相同。

4. 转 轴

转轴用来传递转矩。为了使直流电动机能安全、可靠地运行，转轴一般用合金钢锻压加工而成。

5.1.4 直流电机的电磁转矩和电枢电动势

一、直流电机的电磁转矩

电枢导体中有电流流过时，它在磁场中要受到电磁力的作用，产生电磁转矩 T_{em}。

$$T_{em} = \frac{pN}{2\pi a}\Phi I_a = C_T \Phi I_a$$

其中 $C_T = \dfrac{pN}{2\pi a}$ 为电机的转矩常数。

电磁转矩，对于电动机来说是拖动转矩，它是电源供给电动机的电流与磁场作用而产生的；对于发电机来说是制动转矩，因为它的方向与电枢旋转方向相反，原动机必须克服制动转矩才能使电枢旋转而发出电来。

二、直流电机的电枢电动势

电枢电动势是电枢绕组的感应电动势，也就是电枢绕组每条并联支路里的感应电动势。

当电机旋转时，每个元件都在运动着，其感应电动势的大小和方向都在变化着，但是每条支路里在任何瞬间所含元件数是相等的，保持一个动态平衡。这样，我们求出一根导体在一个极距范围下切割磁力线的平均感应电动势，再乘上一条支路里总的导体数，就可以计算出电枢电动势，用 E_a 表示。

$$E_a = \frac{pN}{60a}\Phi n = C_e \Phi n$$

其中 $C_e = \dfrac{pN}{60a}$ 为电机的结构常数。

在直流发电机中，电流方向与电动势方向相同，电动势叫电源电动势；在直流电动机中，元件有效边切割磁力线而产生电动势，方向与电流方向相反，叫反电动势。

5.1.5　直流电机的分类

直流电机的运行特性与它的励磁方式有很大的关系。直流电机按励磁方式不同，可分为以下几类。

1. 他励电机

他励电机的励磁电流是由独立的直流电源供给的，如图 5-11（a）所示。他励电机的励磁电流仅取决于励磁电源的电压和励磁回路的电阻，与电枢端电压无关。

2. 并励电机

并励电机的励磁绕组与电枢绕组并联，如图 5-11（b）所示。并励电机的励磁电流不仅与励磁回路的电阻有关，而且还受电枢端电压的影响。由于并励绕组承受着电枢两端的全部电压，其值较高。为了减小绕组的铜损耗，并励绕组的匝数较多，并且用较细的导线绕成。

3. 串励电机

串励电机的励磁绕组与电枢绕组串联，如图 5-11（c）所示。为了减小串励绕组的电压降及铜损耗，串励绕组用截面积较大的导线绕成，且匝数较少。

4. 复励电机

复励电机的磁极上有两个励磁绕组，一个与电枢绕组并联，另一个与电枢绕组串联，如图 5-11（d）所示。

并励电机、串励电机、复励电机在用作发电机时，其励磁电流都是由它们自己供给的，故统称为自励电机。

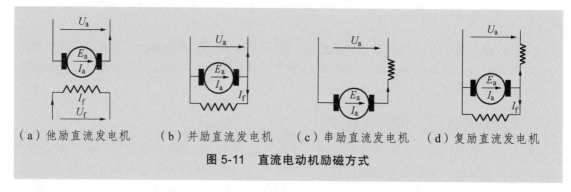

（a）他励直流发电机　（b）并励直流发电机　（c）串励直流发电机　（d）复励直流发电机

图 5-11　直流电动机励磁方式

5.1.6　直流电动机的铭牌

每台直流电动机的铭牌上面都标注了电动机的额定值和基本技术数据。

一、型　号

直流电动机的型号表明了电动机的主要特点，通常由 3 部分构成：第一部分为产品代号，第二部分为规格代号，第三部分为特殊环境代号，如图 5-12 所示。

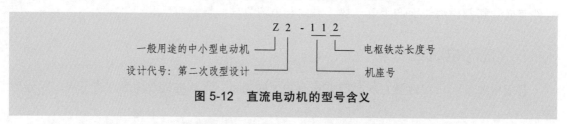

图 5-12　直流电动机的型号含义

我国生产的直流电动机主要产品除了 Z2、Z3、Z4 等系列外，还有以下几种。

ZJ 系列：精密机床用直流电动机。

ZD 系列：中速电梯用直流电动机。

ZMD 系列：低速电梯用直流电动机。

ZA 系列：防爆安全型直流电动机。

ZZJ 系列：冶金起重用直流电动机。

ZT 系列：广调速直流电动机。

ZQ 系列：直流牵引电动机。

ZH 系列：船用直流电动机。

二、额定值

1. 额定电压

额定电压是指电机在额定工作时，其出线端的平均电压。对直流电动机而言，是指输入额定电压；对直流发电机而言，则是指输出额定电压。额定电压的单位为 V 或 kV。

2. 额定电流

额定电流是指电机在额定电压条件下运行于额定功率时的电流。对电动机而言，是指带额定负载时的输入电流；对发电机而言，是指带额定负载时的输出电流。额定电流的单位为 A 或 kA。

3. 额定容量

额定容量是指在电机额定电压条件下所能供给的功率。对电动机而言，是指电动机轴上输出的额定机械功率；对发电机而言，是指向负载端输出的电功率。额定功率的单位为 W 或 kW。

4. 额定转速

额定转速是指电机在额定电压、额定电流条件下，且电机运行于额定功率时的转速。额定转速的单位为 r/min。

5. 额定效率

额定效率是指电机在额定条件下，输出功率占输入功率的百分比。其计算公式与交流电动机相同。

任务 5.2 　他励直流电动机的启动和正/反转控制

5.2.1 　直流电动机的正/反转控制

1. 实训目的

（1）掌握电动机正、反转控制原理。
（2）掌握利用改变电枢电压极性来改变直流电动机旋转方向的控制线路。

2. 实训设备（见表 5-2）

表 5-2 　实训设备

序号	名称	数量
1	直流他励电动机	1 件
2	数字电压表、毫安表、安培表	1 件
3	可调电阻器、电容器	1 件
4	继电接触控制（一）	1 件
5	继电接触控制（二）	1 件

3. 直流电动机的正/反转控制线路

直流电动机的正/反转控制线路如图 5-13 所示。该图中，电机的反转控制是利用改变电枢电压极性来达到的。当开关 SB_2 闭合时，接通接触器 KM_2，电枢电压为正向；当开关 SB_3 闭合时，接通接触器 KM_3，电枢电压为反向。这样就改变了电枢电压的极性，而他励绕组的电流方向没有变，所以实现了反转控制。

电路的动作过程如下：

（1）按下控制屏的启动按钮，按下励磁电源开关至开，再按下电枢电源开关至开，正向运行。合上开关 SB_2，KM_2 线圈得电，KM_2 常开触头闭合，为电机启动做准备。KM_1 线圈得电，KM_1 的常开触头闭合，直流电机启动。时间继电器 KT 延时 3 s 后，KM_4 常开触头闭合，R 被短路，串电阻启动完毕。

（2）按下控制屏的启动按钮，按下励磁电源开关至开，再按下电枢电源开关至开，反向运行。合上开关 SB_3，KM_3 线圈得电，KM_3 常开触头闭合，为电机启动做准备。KM_1 线圈得电，KM_1 的常开触头闭合，直流电机启动。时间继电器 KT 延时 3 s 后，KM_4 常开触头闭合，R 被短路，串电阻启动完毕。

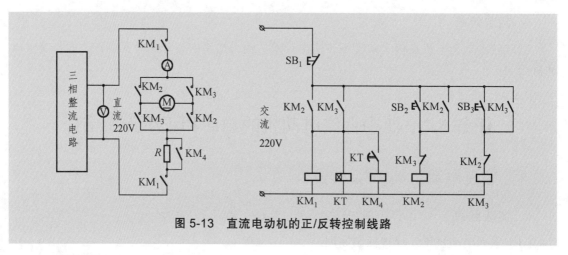

图 5-13　直流电动机的正/反转控制线路

4. 讨论题

改变直流电动机旋转方向有哪两种方法？对于频繁正/反向运行的电动机，常用哪种方法？为什么？

5.2.2　他励直流电动机的启动

一、他励直流电动机的启动原理

他励直流电动机的启动是指电动机接通电源后，由静止状态加速到稳定运行状态的过程。他励直流电动机启动时，为了产生较大的启动转矩，应满磁通启动。因此启动时励磁回路不能串电阻，而且绝对不允许励磁回路出现断路。

生产机械对直流电动机的启动要求是：启动转矩 T_{st} 足够大，因为只有 T_{st} 大于负载转矩时，电动机方可顺利启动；启动电流 I_{st} 不可太大；启动设备操作方便，启动时间短，运行可靠，成本低廉。

1. 全压启动

全压启动是在电动机磁场磁通为 Φ_N 的情况下，在电动机电枢上直接加以额定电压的启动方式。启动瞬间，电动机转速 $n = 0$，电枢绕组感应电动势 $E_a = C_e\Phi n = 0$，由电动势平衡方程 $U = E_a + IR_a$ 可知，启动电流 I_{st} 为 U_N/R_a。

由于电枢电阻 R_a 阻值很小，额定电压下直接启动的启动电流很大，通常可达额定电流的 $10 \sim 20$ 倍，启动转矩也很大。过大的启动电流引起电网电压下降，影响其他用电设备的正常工作，同时电动机自身的换向器产生剧烈的火花。启动转矩过大可能会使轴上的生产机械受到不允许的机械冲击。所以全压启动只限于容量很小的直流电动机。

2. 减压启动

减压启动是启动前将施加在电动机电枢两端的电源电压降低，以减小启动电流 I_{st}。为了获得足够大的启动转矩，启动时电流通常限制在（ $1.5I_N \sim 2I_N$ ）内。随着转速 n 的上升，电动势 E 逐渐增大，I 相应减小，启动转矩也减小。为使 I_{st} 保持在 $2I_N$ 范围，即保证有足够大的启动转矩，启动过程中电压 U 必须逐渐升高，直到升至额定电压 U_N，电动机进入稳定运行状态，启动过程结束。目前多采用晶闸管整流装置自动控制启动电压。

3. 电枢回路串电阻启动

电枢回路串电阻启动是电动机电源电压为额定值且恒定不变时，在电枢回路中串接一启动电阻 R_{st} 来达到限制启动电流的目的，此时 $I_{st} = U_N/(R_a + R_{st})$。启动过程中，由于转速 n 上升，电枢电动势 E 上升，启动电流 I_{st} 下降，启动转矩 T_{st} 下降，电动机的加速度作用逐渐减小，致使转速上升缓慢，启动过程延长。想在启动过程中保持加速度不变，必须要求电动机的电枢电流和电磁转矩在启动过程中保持不变，即随着转速上升，启动电阻 R 应平滑均匀地减小。通常的做法是把启动电阻分成若干段来逐级切除。单向旋转启动控制直流电动机直接启动电流为额定电流的 $10 \sim 20$ 倍，会产生很大的启动转矩，易损坏电动机换向器和电枢绕组。同时，他励式直流电动机在弱磁或零磁时会产生飞车现象。显然，其控制线路比交流电动机要复杂一些。

二、他励直流电动机的单向串电阻启动控制

1. 电路组成

直流电动机电枢串电阻单向旋转启动控制电路如图 5-14 所示。电枢回路中串入启动电阻 R_1、R_2，励磁回路中串入欠电流继电器 KA_2 线圈，进行弱磁保护；KM_1 为线路接触器，控制电枢电源接入；KM_2、KM_3 为短接启动电阻接触器；KA_1 为过电流继电器，实现电动机过载和短路保护；KT_1、KT_2 为断电延时型时间继电器，控制启动电阻 R_1、R_2 的切除时间；R_3 和二极管 VD 构成励磁绕组的放电回路，实现过电压保护。

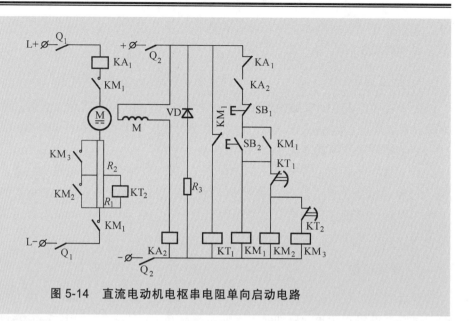

图 5-14　直流电动机电枢串电阻单向启动电路

2. 工作原理（见图 5-15）

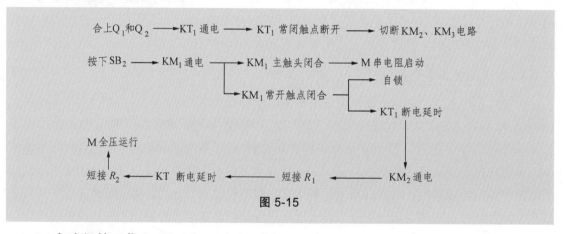

图 5-15

3. 电路保护环节

过电流继电器 KA_1 实现电动机过载和短路保护；欠电流继电器 KA_2 实现电动机弱磁保护；电阻 R_3 与二极管 VD 构成励磁绕组的放电回路，实现过电压保护。

5.2.3　直流电动机正/反运转启动控制

一、直流电动机正/反转方法

要改变直流电动机的旋转方向，就需改变电动机的电磁转矩方向，而电磁转矩决定于主极磁通和电枢电流的相互作用，故改变电动机转向的方法有两种：一种是改变励磁电流的方向；另一种是改变电枢电流的方向。如果同时改变励磁电流和电枢电流的方向，则直流电动机的转向不变。

对并励电动机而言，由于励磁绕组匝数多、电感大，在进行反接时因电流突变，将会产生很大的自感电动势，危及电动机及电器的绝缘安全，因此一般采用电枢反接法。在将电枢绕组反接的同时必须连同换向极绕组一起反接，以达到改善换向的目的。

要使串励电动机反转，改变电源端电压的方向是不行的。必须改变励磁电流的方向或电枢电流的方向，才能改变电磁转矩的方向，实现电动机的反转。

二、他励直流电动机正/反转控制线路

1. 直流电动机正/反转基本控制线路

1）电路组成

图 5-16 所示为改变电枢电流方向控制他励直流电动机正、反转的控制线路。图 5-16 中，电枢电路电源由接触器 KM_1 和 KM_2 主触点分别接入，其方向相反，从而达到控制电动机正、反转的目的。

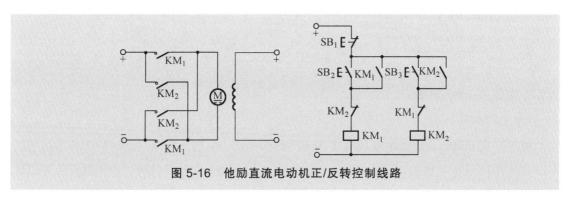

图 5-16 他励直流电动机正/反转控制线路

2）工作原理

按下 SB_2 后接触器 KM_1 线圈得电，KM_1 的主触点合上，使他励直流电动机接通电源正转，同时 KM_1 辅助常开触点自锁，在 SB_2 按钮松开后保持 KM_1 线圈通电。需要电动机反转时，应先按停止按钮 SB_1，切断电动机供电，然后按下 SB_3，使接触器 KM_2 线圈得电，KM_2 的主触点合上，使他励直流电动机接通反极性电源反转。KM_1 和 KM_2 的辅助常闭触点的互锁是为了防止将电源短路而设置的。

工作原理可用图 5-17 表示。

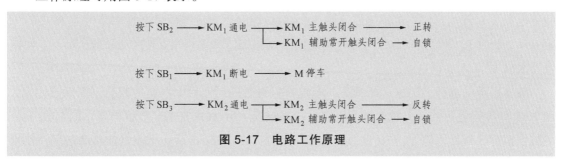

图 5-17 电路工作原理

2. 带行程控制的正、反转控制线路

1）电路组成

图 5-18 所示为利用行程开关控制的他励直流电动机正、反转启动控制线路。图中，KM_1、

KM_2 为正、反转接触器；KM_3、KM_4 为短接启动电阻接触器；KA_1 为过电流继电器，实现电动机的过载和短路保护；KT_1、KT_2 为断电延时型时间继电器，KA_2 为用于弱磁保护的欠电流继电器，R_3 为放电电阻；SB_1 为反向转正向行程开关，SB_2 为正向转反向行程开关；SB_2、SB_3 分别为正/反转启动按钮。

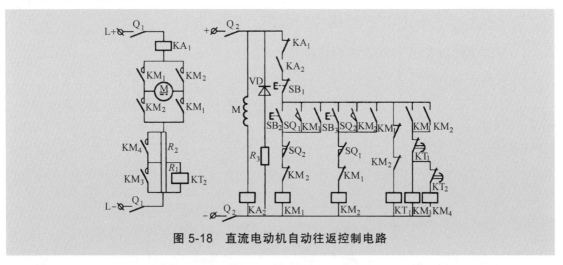

图 5-18　直流电动机自动往返控制电路

2）工作原理

通过改变直流电动机电枢电压极性实现电动机的正、反转。电路启动时的工作情况与图 5-13 所示的电路基本相同，按下 SB_2 为正向启动，按下 SB_3 为反向启动。启动后，电动机按行程原则控制电动机的正、反转，拖动运动部件实现自动往返运动。

线路工作原理如下：

接通电源后，未按下启动按钮前，当励磁线圈中通过足够大的电流时，欠电流继电器 KA_2 得电动作，其动合触点闭合，使断电延时型时间继电器 KT_1 线圈得电，KT_1 动断触点断开，接触器 KM_3、KM_4 线圈失电。

按下正转启动按钮 SB_2，接触器 KM_1 线圈得电，KM_1 自锁与互锁触点动作，实现对 KM_1 线圈的自锁和对接触器 KM_2 线圈的互锁。另外，KM_1 串联在 KT_1 线圈电路的动触点断开，时间继电器 KT_1 开始延时。电枢电路 KM_1 动合触点闭合，直流电动机电枢回路串入 R_1、R_2 电阻启动。此时 R_1 两端并联的断电延时型时间继电器 KT_2 线圈得电，KT_2 动断触点断开，使接触器 KM_4 线圈无法得电。

随着启动的进行，转速不断升高，经过 KT_1 设置的时间后 KT_1 延时闭合动断触点闭合，因 KM_1 线圈得电后其动合触点也闭合，所以接触器 KM_3 线圈得电。电枢电路中的 KM_3 动合主触点闭合，短接电阻 R_1 和时间继电器 KT_2 线圈。R_1 被短接后，直流电动机转速进一步提高，继续降压启动过程。时间继电器 KT_2 被短接，相当于该线圈失电。KT_2 开始进行延时，经过 KT_2 设置时间，其触点闭合，使接触器 KM_4 线圈得电。电枢回路中的 KM_4 动合主触点闭合，电枢回路串联的启动电阻 R_2 被短接。正转启动过程结束，电动机电枢全压运行。

其反转启动过程与正转启动类似。

图 5-18 中的电动机拖动机械设备运动，在限位位置上压下行程开关 SQ_2，其动断触点断开，使接触器 KM_1 线圈失电，其动合触点闭合接通接触器 KM_2 线圈，电枢电路中的 KM_1 主触点断开，正转停止，KM_2 主触点闭合，反转开始。该电路由 SQ_1 和 SQ_2 组成自动往返控制，电动机的正、反转是由 KM_1 和 KM_2 主触点闭合情况决定的。

3）保护环节

过电流继电器 KA_1 线圈串入电枢电路，起过载保护和短路作用。过载（或短路）时，过电流继电器因电枢电路电流过大而动作，其动断触点断开，励磁和控制电路断开。

二极管 VD 和电阻 R_3 构成励磁绕组放电电路，防止励磁电流断电时产生过电压。欠电流继电器 KA_2 线圈串联在励磁绕组中，当励磁电流不足时，KA_2 首先释放，其动合触点恢复断开，切断控制电路，达到欠磁场保护作用。

3. 带按钮互锁的正反转控制线路

图 5-19 为带按钮互锁的正反转控制线路，读者可自行分析。

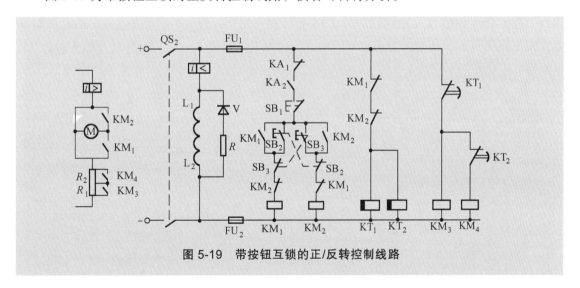

图 5-19 带按钮互锁的正/反转控制线路

任务 5.3 直流电动机的制动

5.3.1 直流电动机正转带能耗制动电路的安装、调试

1. 实训目的

掌握直流电动机的能耗制动方法。

2. 实训设备

序号	名称	数量
1	直流他励电动机	1件
2	直流数字电压、毫安、安培	1件
3	可调电阻器、电容器	1件
4	继电接触控制（一）	1件
5	继电接触控制（二）	1件

3. 实训方法

直流电动机正转带能耗控制线路如图 5-20 所示。电动机启动时电路工作情况与任务 5.2 相同，停车时采用能耗制动，且利用电压继电器 KA_R 控制，它们的线圈在工作时与电动机电枢并联，反映电动机电枢电压即转速的变化，所以说它是用转速原则来控制的。电路的动作过程如下：

（1）按下控制屏的启动按钮，按下励磁电源开关至开，再按下电枢电源开关至开，正向运行，合上开关 SB_2，KM_1 线圈得电，KM_1 常开触头闭合，为电机启动做准备，KM_1 线圈得电，KM_1 的常开触头闭合，直流电机启动，时间继电器延时 3 s 后，KM_3 常开触头闭合，R 被短路，串电阻启动完毕。

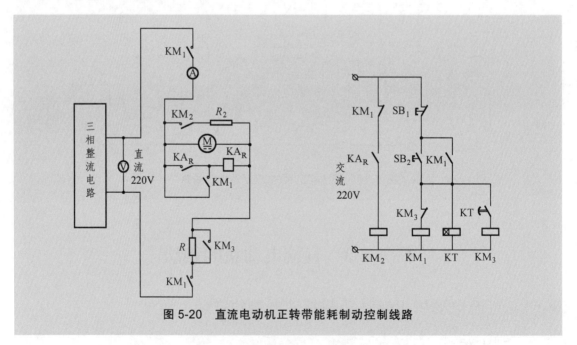

图 5-20 直流电动机正转带能耗制动控制线路

（2）接触器 KM_1 通电，电动机电枢串电阻正转启动。正向制动继电器 KA_R 线圈通电吸合并自锁，为制动接触器 KM_2 通电做好准备。

（3）当停车制动时，将拉开开关 SB_1，这时 KM_1 线圈断电，切断电枢直流电源，此时电动机因惯性仍以较高速度旋转，电枢两端仍有一定电压，并联在电枢两端的 KA_R 经自锁触点仍保持通电，使 KM_2 通电，将电阻 R_2 并接在电枢两端，故转速急剧下降。随着制动过程的进行，其电枢电势也随着转速下降，到一定程度时，就使 KA_R 释放，KM_2 断电，电动机能耗制动结束，电路恢复到原始状态，以准备重新启动。

4. 讨论题

直流电动机电气制动有哪三种方法？

5.3.2　直流电动机的正转带能耗制动

他励直流电动机的制动与三相异步电动机的制动相似，其制动方法也有机械制动和电气制动两大类。由于电气制动具有制动力矩大、操作方便、无噪声等优点，所以，在直流电力拖动中应用较广。电气制动按其产生电磁制动转矩的方法不同又可分为能耗制动、反接制动和再生发电制动三种。

1. 能耗制动控制线路

能耗制动就是需要电机停车时，维持直流电动机的励磁电源不变，只切断电动机电枢绕组的电源，使电枢绕组与外加制动电阻串接构成闭合回路。靠惯性继续运转的电枢绕组感应电流方向与原来电流方向相反，产生与电动机转向相反的制动力矩，迫使电动机迅速停转。这种制动方法在运输、起重设备上应用较广，不足之处是不宜对机械迅速制动。

在学习能耗制动控制线路工作原理时，其制动控制的关键是制动电阻的接入，在掌握好这一要点的基础上，再来完成整个制动过程的学习。

2. 反接制动控制线路

反接制动是利用改变电枢电流或励磁电流的方向，来改变电磁转矩方向，形成制动力矩，迫使电动机迅速停转。并励直流电动机的反接制动是利用改变电枢电流的方向来实现的。

在学习反接制动控制线路工作原理时，应掌握好以下两点：一是反接制动时电枢绕组如何实现反接，电枢绕组回路串入制动电阻的作用是什么；二是当电动机转速降低到接近零时，如何断开电枢回路的电源，避免电动机反转。

3. 回馈制动

回馈制动只适用于当电动机的转速大于理想空载转速 n_0 的场合。此时电动机处于发电机状态运行，将发出的电能返送回电网，电动机处于发电制动状态。

5.3.3　能耗制动控制线路

图 5-21 为单向运行串两级电阻启动/停车采用能耗制动的控制线路。

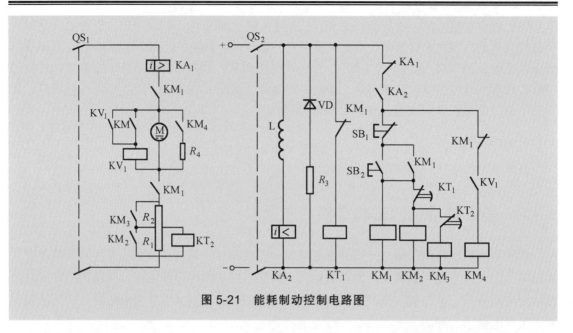

图 5-21　能耗制动控制电路图

图中 KM_1 是电源接触器，KM_2，KM_3 为启动接触器；KM_4 为制动接触器。KV_1 是电压继电器，KA_1 为过电流继电器，KA_2 是欠电流继电器，KT_1、KT_2 为时间继电器；SB_1 是停止按钮，SB_2 是启动按钮。

该电路的启动工作情况与图 5-20 的启动情况相似，这里不再介绍了。

停车时，按下停止按钮 SB_1，接触器 KM_1 线圈断电，KM_1 常开触头断开，将电枢与电源及启动电阻分离。此时，电动机因惯性仍以较高的速度旋转，存在电枢反电动势，因此，电枢绕组两端仍有一定电压，使并联在电枢两端的电压继电器 KV_1 经自锁触头仍能保持通电。这样，在控制回路中的 KV_1 常开触头闭合，制动接触器 KM_4 线圈通电，KM_4 常开触头闭合，将制动电阻 R_4 并在电枢两端，电动机实现能耗制动，转速急剧下降，电枢电动势也随之下降。当电枢电动势降到一定值时，电压继电器 KV_1 释放，其常开触头断开，使制动接触器 KM_4 线圈断电，KM_4 常开触头断开，制动电阻从电枢两端脱离，电动机能耗制动结束。

主电路分析：

KM_1 为正常工作接触器；KM_2 为短接 R_1 接触器；KM_3 为短接 R_2 接触器；KM_4 为能耗制动接触器；R_4 为能耗制动电阻；KV_1 为制动结束电压继电器。

控制电路分析：启动与图 5-20 相同。制动工作过程如图 5-22 所示。

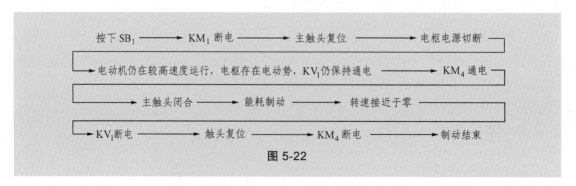

图 5-22

5.3.4　反接制动控制线路

反接制动控制线路如图 5-23 所示。制动过程如下：按下停止按钮 SB_1，接触器 KM_1 断电释放，其常闭触点复位，接触器 KM_2 通电，常开触点闭合，直流电动机电枢两端加反向电压，串入制动电阻开始反接制动。接触器 KM_2 通电同时，时间继电器 KT 通电，经过延时，KT_1 触点闭合，KM_3 通电，将 R_1 短接。再经过一段延时后，KT_2 触点闭合，KM_4 通电将 R_2 短接。最后，经过一段延时，KT 触点断开，KM_2 断电释放，电动机电枢断电，反接制动结束。

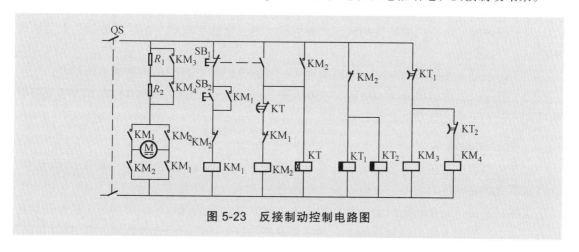

图 5-23　反接制动控制电路图

任务 5.4　直流电动机的调速控制

1. 知识目标

（1）熟悉直流电动机的电气调速方法。
（2）掌握直流电动机的弱磁调速线路，会说出操作过程和工作原理。

2. 能力目标

（1）学会直流电动机的电气调速控制线路的分析方法。
（2）直流电动机弱磁调速制动线路的安装。

3. 素质目标

（1）培养学生严谨的工作作风，从而提高工作效率，为安全生产提供保障。
（2）通过团队协作，使学生形成团队协作意识，提高沟通能力。
（3）使学员在工作中能够熟练、规范、安全地操作。

许许多多的生产机械如机床、起重运输设备、轧钢机、造纸机等在不同情况下都需要不同的工作速度，以达到提高生产效率和保证产品质量的目的。这就要求采用一定的方法来改变生产机械的工作速度，即通常所说的调速。

调速方法有机械调速、电气调速或机械电气相配合调速。由于电气调速有许多优点，它可以简化机械结构，提高传动效率，操作简单，易于获得元级调速，便于实现自动控制。因此，在生产机械中广泛采用电气调速方法。所谓电气调速就是用电气方法，人为地改变控制线路的电气参数进行调整。因此，根据他励直流电动机的机械待性可以看出，他励直流电动机的转速调节有以下三种方法：电枢回路中电阻调速、改变电枢电压调速、改变励磁电流调速。下面我们将分别介绍这三种调速方式的控制线路。

1. 电枢回路串电阻调速

电枢回路串电阻调速是在电动机电枢电路中串联一个调速电阻器 R_s，通过调节 R_s 的大小来改变电动机的转速。

（1）低速时，由于机械特性疲软，负载的很小变化便能引起很大的转速波动，调速性能不稳定。

（2）由于是在主回路串电阻，电阻截面大，只能分档调节，因此调速的平滑性差。

（3）低速时，电能损耗大，所以，这种调速方法不适于长期工作的电动机和大容量的电动机，一般用于串励直流电动机。

2. 改变励磁调速

改变励磁调速是在他励直流电动机的励磁电路上串一个可调电阻器 R_s，调节 R_s 的大小，就可以改变励磁电流的大小，从而改变励磁磁通的大小，实现调速的目的。

这种调速由于是在励磁回路中进行的，因此可以增加调速级数，平滑性好。另外还具备励磁电流小，控制方便，能量损耗小，调速的经济性好等优点。但这种调速方式过渡时间较长，这是由于励磁绕组匝数多、电磁惯性大造成的。这种调速方式的另一个缺点是调速范围小。这种方法适用于恒功率负载的生产机械。

3. 改变电枢电压调速

改变电枢电压调速，需给电枢加一可调电源，这一直流可调电源多由可调整流装置完成。对于容量较大的直流电动机，一般用交流电动机-直流发电机组作为电枢回路的直流可调电源，改变电枢两端电压，达到调速目的。这种机组称为发电机-电动机组，即 G-M 机组。

改变励磁调速的控制电路如图 5-24 所示。

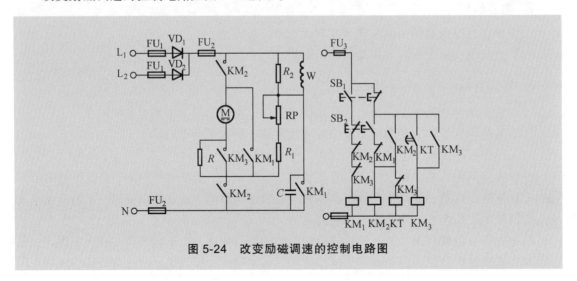

图 5-24　改变励磁调速的控制电路图

主电路分析：

VD_1、VD_2 为整流电路；R 为限流电阻；RP 为调速电阻；R_2 为过压保护电阻；KM_1 为能耗制动接触器；KM_2 为运行接触器；KM_3 为切除启动电阻接触器。

控制电路分析：

（1）启动过程如图 5-25 所示。

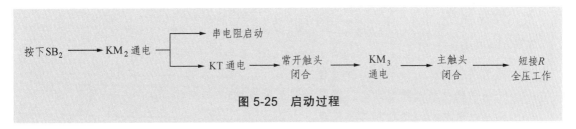

图 5-25　启动过程

（2）调速过程：调节 RP，改变电动机励磁电流大小，从而改变励磁磁通，实现电动机调速。

（3）停车过程如图 5-26 所示。

松开 SB_1，制动结束。

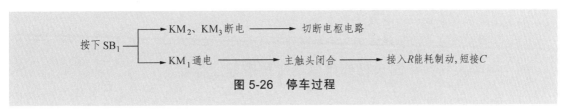

图 5-26　停车过程

思考与练习

1. 改变直流电动机旋转方向有哪两种方法？对于频繁正反向运行的电动机，常用哪种方法？为什么？

2. 直流电动机电气制动有哪三种方法？

模块 6　特种电机及其控制

➤　教学目标

1. 知识目标

（1）熟悉伺服电机的结构和工作原理。

（2）掌握伺服电机的控制方式，理解控制工作原理。

（3）熟悉步进电机的结构和工作原理。

（4）掌握步进电机的控制方式，理解控制工作原理。

2. 技能目标

（1）学会交流伺服电机的接线；

（2）学会松下 MINAS A5 系列伺服驱动器参数的调试方法；

（3）学会驱动器面板的参数设置方法。

（4）掌握步进电机的接线方法及其与驱动器之间的连接方式。

➤　中华人民共和国人社部维修电工国家职业标准

（1）鉴定工种：中级维修电工。

（2）技能鉴定点如下表所示。

序号	鉴定代码				鉴定内容
	章	节	目	点	
1	2	2	1	3	常用低压电器
2	2	2	1	7	电工读图的基本知识
3	2	2	1	8	一般生产设备的基本电气控制线路
4	2	2	1	10	常用工具（包括专用工具）、量具和仪表
5	2	2	1	11	供电和用电的一般知识

任务 6.1　伺服电机及其控制

6.1.1　伺服电动机概述

伺服电动机又称为执行电动机，在自动控制系统中作为执行元件。它将输入的电压信号变换成转轴的角位移或角速度而输出。输入的电压信号又称为控制信号或控制电压。改变控制电压可以变更伺服电动机的转速方向。

随着变频技术和伺服控制技术的迅猛发展和普及，伺服电机作为执行部件，在定位控制中得到了越来越广泛的应用。学习和应用伺服驱动技术已成为广大自动化技术人员的迫切需求。

伺服电动机按其使用的电源性质不同，可分为直流伺服电动机和交流伺服电动机两大类。交流伺服电动机通常采用笼型转子两相伺服电动机和空心杯转子两相伺服电动机，所以常把交流伺服电动机称为两相伺服电动机。直流伺服电动机能用在功率稍大的系统中。其输出功率为 1~600 W，但也有的可达数千瓦；两相伺服电动机输出功率为 0.1~100 W，其中最常用的是在 30 W 以下。

近年来，伺服电动机的应用范围日益扩展，并出现了许多新型结构。又因系统对电动机快速响应的要求越来越高，所以各种低惯量的伺服电动机相继出现，如盘形电枢直流电动机、空心杯电枢直流电动机和电枢绕组直接绕在铁芯上的无槽电枢直流电动机等。

随着电子技术的发展，又出现了采用电子器件换向的新型直流伺服电动机，它取消了传统直流电动机上的电刷和换向器，故称为无刷直流伺服电动机。此外，为了适应高精度低速伺服系统的需要，研制出了直流力矩电动机，它取消了减速机构而直接驱动负载。

自动控制系统对伺服电动机的基本要求如下：

（1）宽广的调速范围。伺服电动机的转速随着控制电压的改变能在宽广的范围内连续调节。

（2）机械特性和调节特性均为线性。伺服电动机的机械特性是指控制电压一定时，转速随转矩的变化关系；调节特性是指电动机转矩一定时，转速随控制电压的变化关系。线性的机械特性和调节特性有利于提高自动控制系统的动态精度。

（3）无"自转"现象。伺服电动机在控制电压为零时能立自行停转。

（4）快速响应。电动机的机电时间常数要小，相应地伺服电动机要有较大的转矩和较小的转动惯量。这样，电动机的转速便能随着控制电压的改变而迅速变化。

直流伺服电动机是自动控制系统中具有特殊用途的直流电动机。它的工作原理、基本结构及内部电磁关系和一般用途的直流电动机相同。

6.1.2　交流伺服电动机及其控制

交流伺服电动机由于没有换向器，因而具有构造简单、工作可靠、维护容易、效率较高、价格便宜以及不需要整流电源设备等优点，所以在自动控制系统中应用非常广泛。

交流伺服电动机分为同步电动机和异步电动机两大类，按相数可分为单相、两相、三相和多相。

传统交流伺服电动机的结构通常是采用鼠笼转子两相伺服电动机及空心杯转子两相伺服电动机，所以常把交流伺服电动机称为两相异步伺服电动机。

一、交流伺服电动机的结构与分类

图 6-1 及图 6-2 中给出的是松下交流伺服电机及其驱动器的实物图。

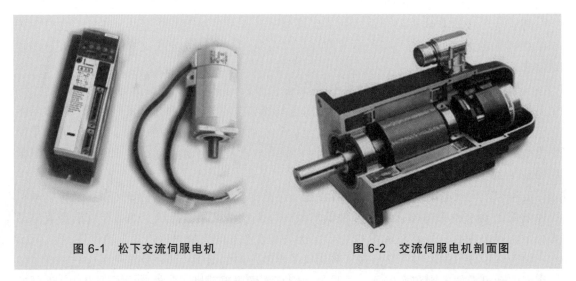

图 6-1　松下交流伺服电机　　　　　　　图 6-2　交流伺服电机剖面图

交流伺服电机由定子、转子和编码器等组成。

定子由铁芯和线圈组成，如图 6-3 所示。定子上有两个绕组，分别是控制绕组与励磁绕组，两者相差 90°。

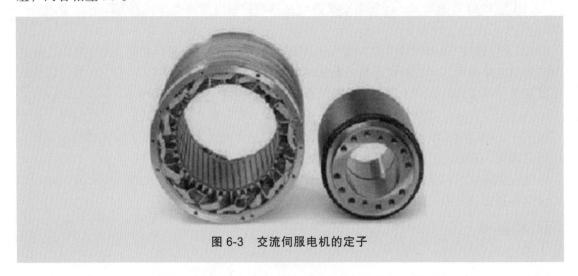

图 6-3　交流伺服电机的定子

转子结构为分笼型和杯型两种。交流伺服电机笼型转子和杯型转子如图 6-4、6-5 所示。

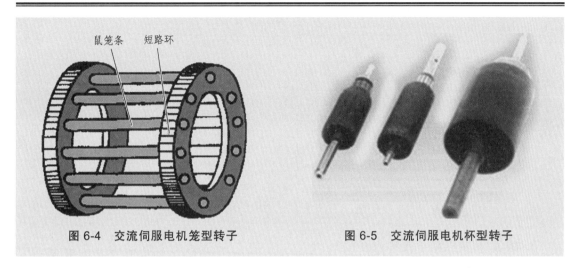

图 6-4 交流伺服电机笼型转子　　　　　　图 6-5 交流伺服电机杯型转子

笼型转子的铁芯槽内放铜条，端部用短路环形成一体，或铸铝形成转子绕组。

杯型转子呈薄壁圆筒形，放于内外定子之间。一般壁厚为 0.3 mm 。

二、交流伺服电动机的控制方式

由电机学中的旋转磁场理论知道，对于两相交流异步伺服电动机，若在两相对称绕组中施加两相对称电压，即励磁绕组和控制绕组电压幅值相等且两者之间的相位差为 90° 电角度，便可在气隙中得到圆形旋转磁场。否则，若施加两相不对称电压，即两相电压幅值不同，或电压间的相位差不是 90° 电角度，得到的便是椭圆形旋转磁场。当气隙中的磁场为圆形旋转磁场时，电动机运行在最佳工作状态。

1. 幅值控制

幅值控制是指保持励磁电压的幅值和相位不变，通过调节控制电压的大小来调节电动机的转速，而控制电压与励磁电压之间始终保持 90° 电角度相位差。幅值控制电路如图 6-6 所示。

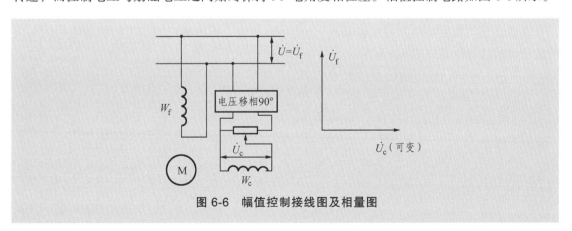

图 6-6 幅值控制接线图及相量图

2. 相位控制

相位控制是指保持控制电压的幅值不变，通过调节控制电压的相位，即改变控制电压相对励磁电压的相位角，实现对电动机的控制。相位控制电路如图 6-7 所示。

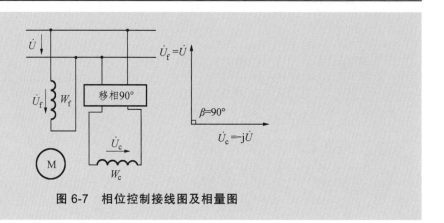

图 6-7　相位控制接线图及相量图

3. 幅值-相位控制（或称电容控制）

这种控制方式利用励磁绕组中的串联电容来分相，它不需要复杂的移相装置，所以设备简单，成本较低，因而成为较常用的控制方式，其控制电路如图 6-8 所示。

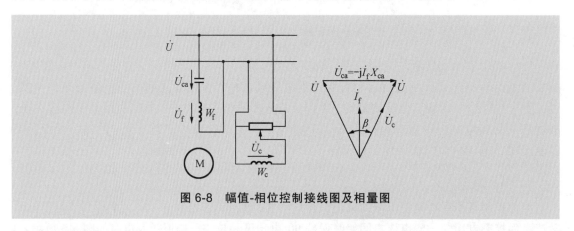

图 6-8　幅值-相位控制接线图及相量图

4. 双相控制

励磁绕组与控制绕组间的相位差固定为 90°电角度，而励磁绕组电压的幅值随控制电压的改变而同样改变，如图 6-9 所示。

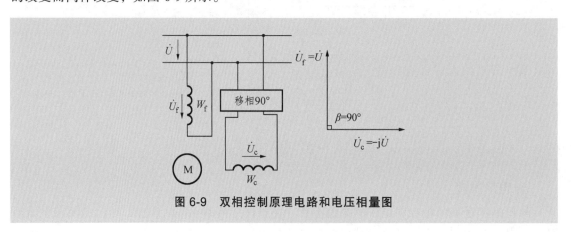

图 6-9　双相控制原理电路和电压相量图

6.1.3　松下 MINAS A5 系列伺服驱动器

一、伺服驱动器控制系统及原理

伺服驱动器控制系统一般由 PLC、伺服驱动器、伺服电机、定位对象（工件）组成，如图 6-10 所示。PLC 向伺服驱动器发出脉冲，发出的脉冲指令信号有脉冲频率、脉冲数量、电机运行方向信号。脉冲频率决定了工件移动速度，脉冲数量决定工件移动量。伺服驱动器通过参数设置，接收 PLC 发出的脉冲信号，根据这些信号控制伺服电机的运行，对工件进行准确定位。伺服电机在运行过程中通过编码器发出脉冲信号，反馈给伺服驱动器。

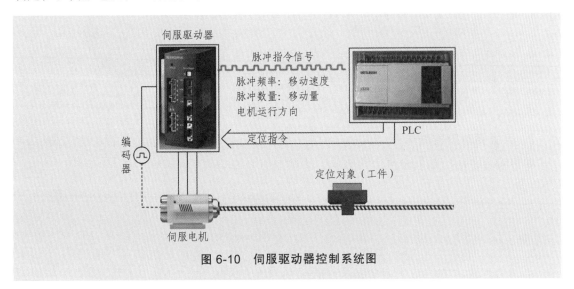

图 6-10　伺服驱动器控制系统图

二、伺服驱动器的硬件结构

1. 伺服驱动器

伺服驱动器松下 MINAS A5 400W 实物图如图 6-11、6-12 所示。

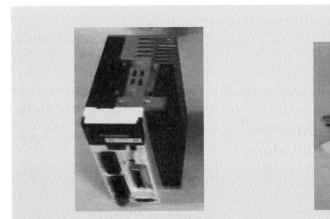

图 6-11　MINAS A5 400W 实物图

图 6-12　400W 伺服电机

伺服驱动器的操作面板如图 6-13 所示。伺服驱动器的前面板如图 6-14 所示。

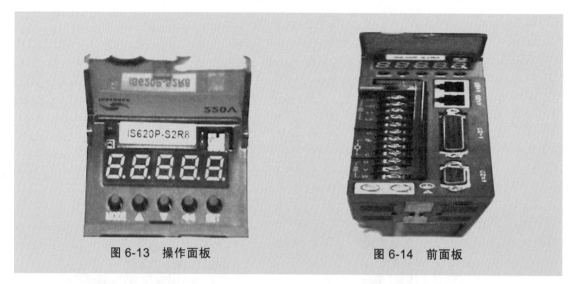

图 6-13　操作面板　　　　　　　　　　　图 6-14　前面板

2. 伺服驱动器接线端子

伺服驱动器接线端子如图 6-15 所示。此伺服驱动器为单相 220 V。

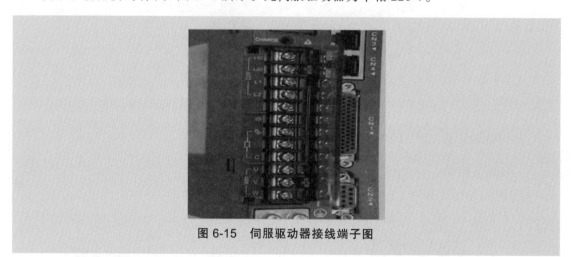

图 6-15　伺服驱动器接线端子图

3. 伺服驱动器结构

伺服驱动器主要由主回路和控制回路两部分构成，如图 6-16 所示。

主回路：电源，L_1、L_2、L_3 为 220 V 或 380 V；Y 电容用于滤波、去掉毛刺；整流模块为桥式全波整流，整流输出为直流；滤波器用于滤波；逆变电路将直流逆变为交流，此交流电源为频率电压成比例变化；R_1 限流电阻，当充电到一定值时 R_1 被继电器短接；制动电阻及单元，伺服电机通过此电路消耗掉；母线电压模块用于检测直流母线电压；电流检测模块用于检测伺服电机电流值。

控制回路：由电源板和控制板组成。电源板包括控制电源、光耦隔离接口电路、缺相检测、继电器驱动等。控制板包括 DSP、高速处理模块、操作键盘、RS232/RS485 等。

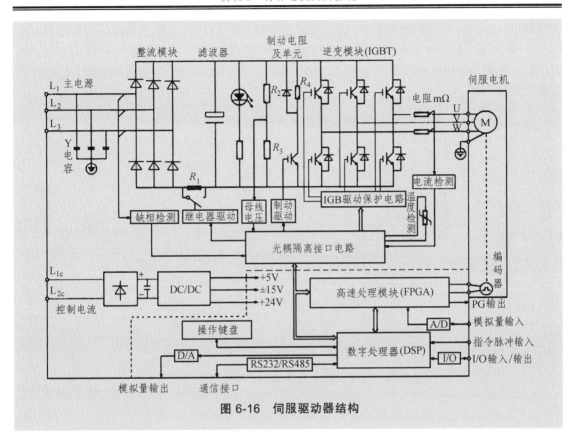

图 6-16　伺服驱动器结构

三、伺服驱动器的主回路和控制回路

1. 伺服驱动器主回路基本接线

1）单相 220 V 电源伺服驱动器主回路

单相 220 V 电源伺服驱动器主回路如图 6-17 所示。

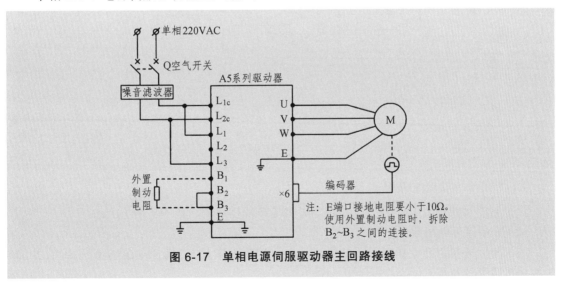

图 6-17　单相电源伺服驱动器主回路接线

　　图中，L_1、L_3 为单相输入电源；L_{1c}、L_{2c} 为控制电源；U、V、W 为输出，需与伺服电机 U、V、W 对应；B_1、B_2、B_3 用于接制动电阻，通常情况下，B_2 和 B_3 短接，使用内部制动电阻；若内部制动电阻不够，需外接制动电阻，B_2 和 B_3 断开，B_1 和 B_3 接制动电阻，同时配合参数设置使用。

　　2）三相 220 V 电源伺服驱动器主回路（见图 6-18）

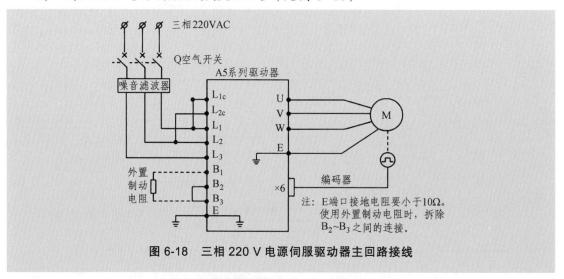

图 6-18　三相 220 V 电源伺服驱动器主回路接线

　　3）三相 380 V 电源伺服驱动器主回路（见图 6-19）

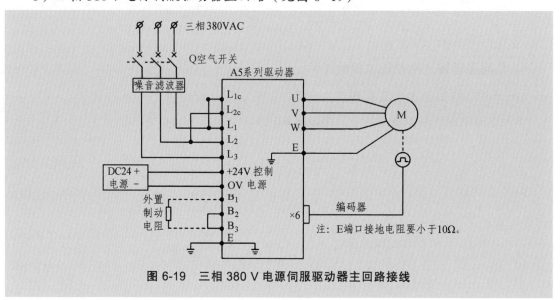

图 6-19　三相 380 V 电源伺服驱动器主回路接线

　　4）主回路连接注意事项

　　（1）电源接线端子 L_1、L_2、L_3，切不可将电源线接到 U、V、W 端子上。

　　（2）E 端接地电阻要小于 10 Ω。

　　（3）使用外置制动电阻时，要拆除 B_2 与 B_3 之间的连线，并设置参数 PR0.16 = 1，2；再生放电电阻外置选择。

（4）三相 AC220 V/50 Hz 电源电压允许范围为 AC170～253 V。

（5）单相 AC220 V/50 Hz 电源电压允许范围为 AC170～253 V。

2. 伺服驱动器控制回路接线

1）A5 系列驱动器控制电路接线方式

A5 系列驱动器控制电路接线方式如图 6-20、图 6-21 所示。

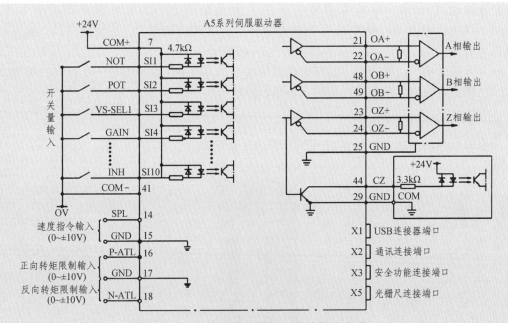

图 6-20　A5 系列驱动器控制电路接线方式 1

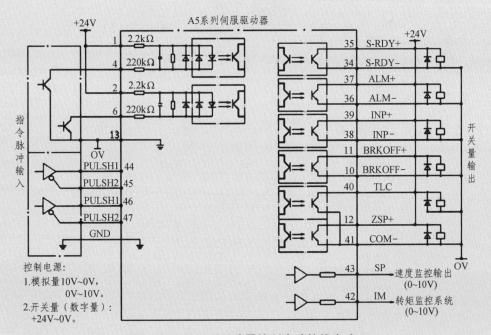

图 6-21　A5 系列驱动器控制电路接线方式 2

（1）开关量输入：采用 24 V 电源，有的驱动器自带 24 V 电源。SI1～SI10 为 10 个数字量输入端子，每个端子对应一个参数进行设置，输入为 mV 级。

（2）模拟量输入：速度指令输入、正向转矩限制输入、反向转矩限制输入。

（3）脉冲输出：A 相、B 相、Z 相输出脉冲为与伺服电机相对应的脉冲信号，给 PLC，采用差动方式输出。CZ 相输出为 Z 相继电器输出。

（4）端口：X1 为 USB 连接端口，X2 为通信连接端口，X3 为安全功能连接端口，X5 为光栅尺连接端口。

（5）指令脉冲输入：通常 1、4 为脉冲信号，2、6 为方向信号，反之也可以。高速脉冲信号输入为 44、45、46、47，脉冲频率可达到 4 MHz。

（6）开关量输出：加一个中间继电器将输出引出，在继电器两端加一个反向二极管。

（7）模拟量输出：速度监控输出、转矩监控输出。

2）伺服驱动器接线端口

伺服驱动器接线端口如图 6-22 所示，输出接继电器。

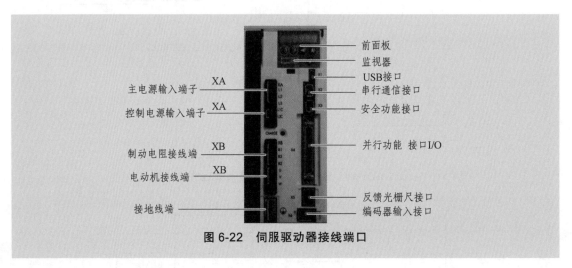

图 6-22 伺服驱动器接线端口

3）数字量输入电路

（1）上位机为继电器接点输入，或开关、按钮，如图 6-23 所示。

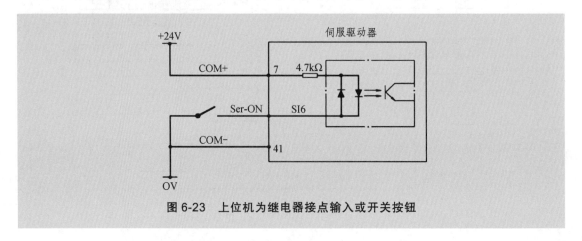

图 6-23 上位机为继电器接点输入或开关按钮

（2）集电极开路输入（NPN）如图 6-24 所示。

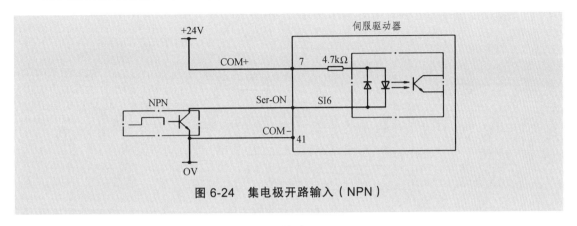

图 6-24　集电极开路输入（NPN）

（3）集电极开路输入（PNP）如图 6-25 所示。

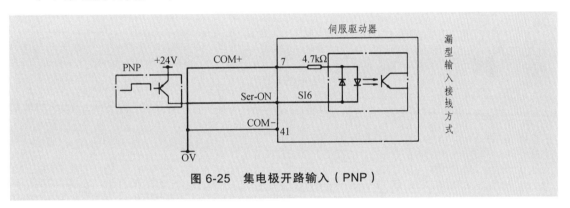

图 6-25　集电极开路输入（PNP）

（4）A5 系列驱动器输入电路规格如下：最高输入电压为 DC30 V；最大输入电流为 50 mA；通常输入电流为 7～15 mA。

A5 系列驱动器输入端子对照表（位置控制方式）见表 6-1。

表 6-1　输入端子对照

输入信号名	接线端子号	设定参数名	出厂值设定
SI1	8	Pr4.00	NOT
SI2	9	Pr4.01	POT
SI3	26	Pr4.02	VS-SEL1
SI4	27	Pr4.03	Gain
SI5	28	Pr4.04	DIV1
SI6	29	Pr4.05	SRV-ON
SI7	30	Pr4.06	CL
SI8	31	Pr4.07	A-CLR
SI9	32	Pr4.08	C-MODE
SI10	33	Pr4.09	INH

4）数字量输出电路

（1）输出电路接继电器时如图 6-26 所示。

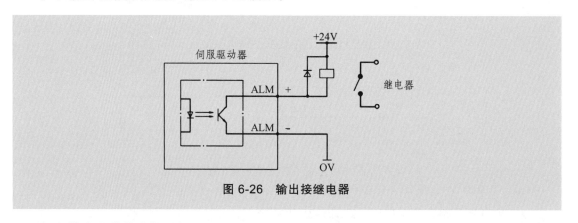

图 6-26 输出接继电器

（2）输出电路接光耦时如图 6-27 所示。

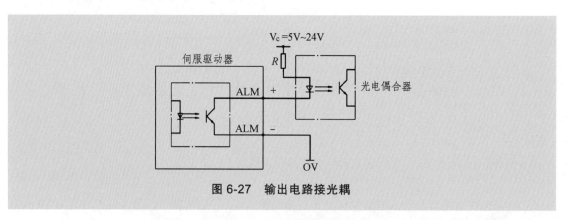

图 6-27 输出电路接光耦

（3）A5 系列驱动器输出电路规格如下：最大输出电压为 DC 30 V；最大输出电流为 DC 50 mA。

注：当输出用于驱动感性负载时，负载两端加入反向过压二极管。

（4）A5 系列驱动器输出端子对照表（位置控制方式）见表 6-2。

表 6-2 输出端子对照表

输入信号名	接线端子号	设定参数名	出厂值设定
S01	10　11	Pr4.10	BRK-OFF
S02	34　35	Pr4.11	S-RDY
S03	36　37	Pr4.12	ALM
S04	38　39	Pr4.13	INP
S05	12	Pr4.14	ZSP
S06	30	Pr4.15	TLC

四、操作面板与显示

1. 操作面板说明（见表 6-28）

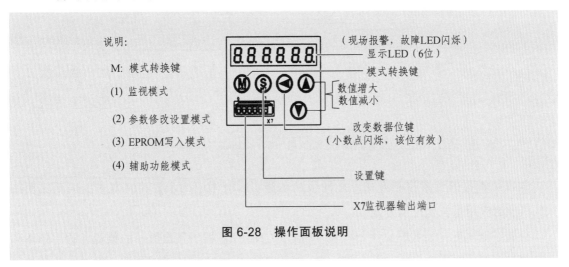

说明：

M：模式转换键

(1) 监视模式

(2) 参数修改设置模式

(3) EPROM 写入模式

(4) 辅助功能模式

（现场报警，故障 LED 闪烁）

显示 LED（6 位）

模式转换键

数值增大
数值减小

改变数据位键
（小数点闪烁，该位有效）

设置键

X7 监视器输出端口

图 6-28　操作面板说明

2. LED 初始状态设定（见表 6-29）

Pr5.28 = 1；显示电机转速，出厂值设置为 1。

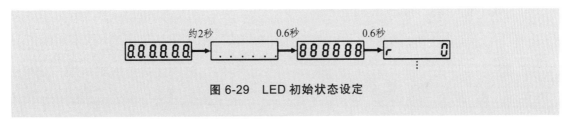

约2秒　　0.6秒　　0.6秒

图 6-29　LED 初始状态设定

注：出现报警时，显示闪烁。

五、参数设置模式（见表 6-31）

1）PAr——类参数须修改后断电再启动电源（打星花 "★" 的参数）

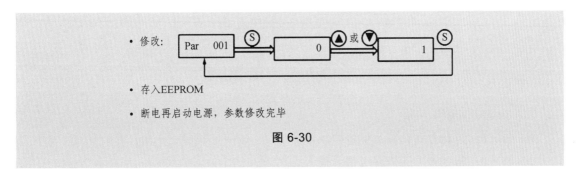

• 修改：Par　001　Ⓢ　　　0　　▲ 或 ▼　　　1　　Ⓢ

• 存入 EEPROM

• 断电再启动电源，参数修改完毕

图 6-30

2）PA——类参数修改后，不必断电再启动

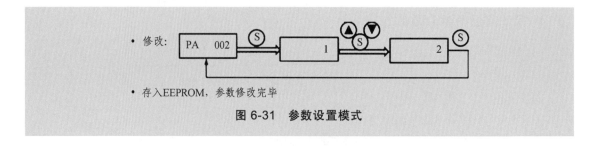

图 6-31　参数设置模式

6.1.4　采用 A5 伺服驱动器实现伺服电机的定位控制

伺服驱动器的位置控制方式，是伺服驱动器实际应用中的主要控制方式。伺服驱动器90%以上的应用是位置控制方式。

位置控制也称定位控制，由上位机（PLC，CNC 控制器）发出脉冲的数量、脉冲频率和方向信号，简称定位三要素。脉冲的数量确定了伺服电机的转动角度（工作台移动的位移量），脉冲的频率确定了伺服电机的旋转速度，方向信号确定了伺服电机的旋转方向。

1. 编码器 A、B 相脉冲输入

（1）脉冲输入接线图如图 6-32 所示。

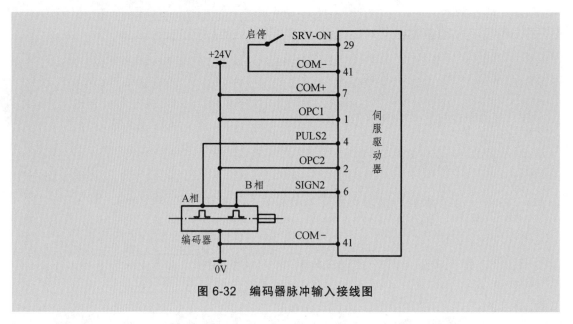

图 6-32　编码器脉冲输入接线图

（2）参数设置如下所示。

Pr0.01 = 0：控制方式设置为位置控制；

Pr0.05 = 0：指令脉冲选择光电耦合输入；

Pr0.06 = 0：指令脉冲极性设置；

Pr0.07 = 0：指令脉冲选择双相脉冲输入。

Pr0.08 = 1000：电机每转一周需要指令脉冲数。

（3）编码器的分辨率如图 6-33 所示。

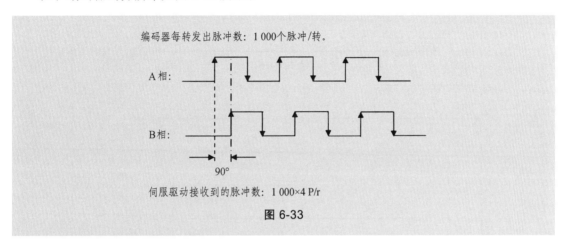

图 6-33

2. PLC 输入的脉冲位置控制

（1）接线图如图 6-34 所示。

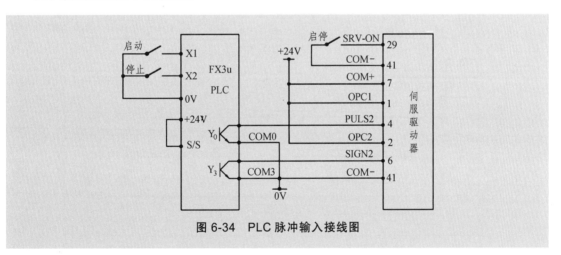

图 6-34 PLC 脉冲输入接线图

（2）参数设置如下。

Pr0.00 = 1：电机旋转方向设置

Pr0.01 = 0：控制方式设置为位置控制

Pr0.05 = 0：脉冲输入选择光电耦合输入

Pr0.06 = 0：指令脉冲极性设置

Pr0.07 = 3：指令脉冲选择脉冲 + 方向信号

Pr0.08 = 1000：电机每转一周需 1000 个脉冲

Pr3.12 = 0：加速时间设置为 0

Pr3.13 = 0：减速时间设置为 0

注意：加速时间和减速时间在位置控制方式时，不起作用。

（3）PLC 定位控制程序如图 6-35、图 6-36 所示。

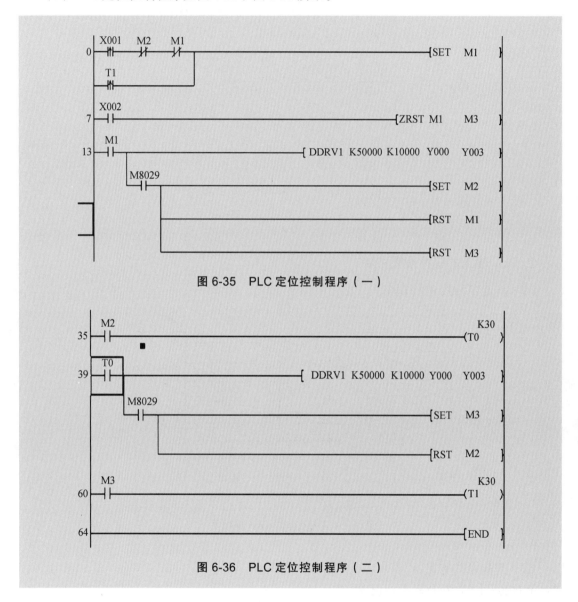

图 6-35　PLC 定位控制程序（一）

图 6-36　PLC 定位控制程序（二）

6.1.5　松下交流伺服电机的接线及参数设置

1. 实训目的

（1）掌握松下交流伺服电机的接线方法；

（2）掌握计算机软件设置参数和控制器设置参数的方法。

2. 实训设备（见表 6-3）

表 6-3 实训设备

序号	名称	数量
1	松下交流伺服电机	1 台
2	松下控制器	1 台
3	计算机	1 台
4	连接线	数根

3. 实训步骤

（1）按照松下交流伺服电机使用说明书，正确地将伺服电机与计算机、控制器连接。

（2）使用计算机设置参数，并进行正反转试运行。

（3）使用驱动器操作面板手动调试伺服电机系统。

任务 6.2　步进电机及其控制

　　步进电动机的转子为多极分布，定子上嵌有多相星形连接的控制绕组，由专门电源输入电脉冲信号，每输入一个脉冲信号，步进电动机的转子就前进一步。由于输入的是脉冲信号，输出的角位移是断续的，所以又称为脉冲电动机。

　　步进电动机的种类很多，按结构可分为反应式和激励式两种；按相数则分为单相、两相和多相三种。

6.2.1　步进电机的结构和工作原理

　　步进电机与一般电机结构类似，除了托架、外壳之外，就是转子和定子，比较特殊的是其转子与定子上有许多细小的齿，如图 6-37 所示。转子为永久磁铁，线圈绕在定子上。根据线圈的配置，步进电机可以分为 2 相、4 相、5 相等。

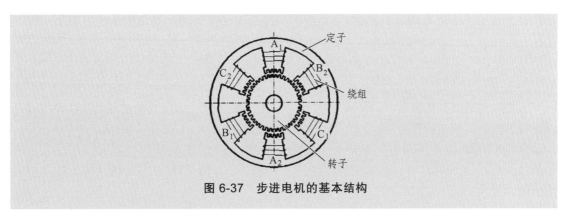

图 6-37　步进电机的基本结构

反应式步进电动机的定子具有均匀分布的磁极，磁极上绕有绕组。两个相对的磁极组成一相。分成 A、B、C 三相。步进电机是按电磁吸引原理进行工作的。当定子绕组按顺序轮流通电时，A、B、C 三对磁极就依次产生磁场，并每次对转子的某一对齿产生电磁引力，将其吸引过来，从而使转子一步步转动。当转子某一对齿的中心线与定子磁极中心线对齐时，磁阻最小，转矩为零。如果控制线路不停地按一定方向切换定子绕组各相电流，转子便按一定方向不停地转动。步进电机每次转过的角度称为步距角。

下面介绍反应式步进电动机单三拍、六拍及双三拍通电方式的基本原理。

一、单三拍通电方式的基本原理

A 相绕组通电，B、C 相不通电。由于在磁场作用下，转子总是力图旋转到磁阻最小的位置，故在这种情况下，转子必然转到图 6-38（a）所示位置：1、3 齿与 A、A′极对齐。

同理，B 相通电时，转子会转过 30°角，2、4 齿和 B、B′磁极轴线对齐，如图 6-38（b）所示；当 C 相通电时，转子再转过 30°角，1、3 齿和 C′、C 磁极轴线对齐，如图 6-38（c）所示。

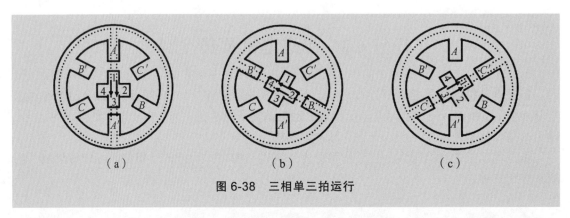

（a）　　　　　　　　　（b）　　　　　　　　　（c）

图 6-38　三相单三拍运行

按 A→B→C→A→……的顺序给三相绕组轮流通电，转子便一步一步转动起来。每一拍转过 30°（步距角），每个通电循环周期（3 拍）转过 90°（一个齿距角）。其转速取决于各控制绕组通电和断电的频率，旋转方向取决于控制绕组轮流通电的顺序。

这种工作方式下，三个绕组依次通电一次为一个循环周期，一个循环周期包括三个工作脉冲，所以称为三相单三拍工作方式。所谓"三相"是指步进电动机具有三相定子绕组；"单"是指每次只要一个绕组通电；"三拍"是指三次接换为一个循环，第四次换接重复第一次的情况。

二、三相六拍

三相六拍通电方式按 A→AB→B→BC→C→CA 的顺序给三相绕组轮流通电。这种方式可以获得更精确的控制特性。

（1）A 相通电，转子 1、3 齿与 A、A′对齐，如图 6-39（a）所示。

（2）A、B 相同时通电，A、A′磁极拉住 1、3 齿，B、B′磁极拉住 2、4 齿，转子转过 15°，到达图 6-39（b）所示位置。

（3）B 相通电，转子 2、4 齿与 B、B' 对齐，又转过 15°，如图 6-39（c）所示。

（4）B、C 相同时通电，C'、C 磁极拉住 1、3 齿，B、B' 磁极拉住 2、4 齿，转子再转过 15°，如图 6-39（d）所示。

三相反应式步进电动机的一个通电循环周期如下：$A{\rightarrow}AB{\rightarrow}B{\rightarrow}BC{\rightarrow}C{\rightarrow}CA$，每个循环周期分为六拍。每拍转子转过 15°（步距角），一个通电循环周期（6 拍）转子转过 90°（齿距角）。

与单三拍相比，六拍驱动方式的步进角更小，更适用于需要精确定位的控制系统中。

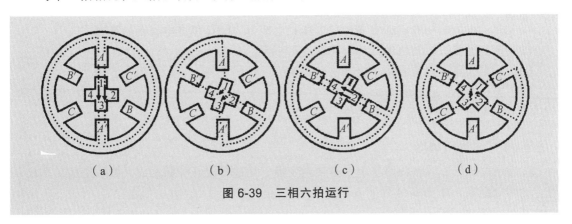

图 6-39　三相六拍运行

三、三相双三拍

三相双三拍通电方式按 $AB{\rightarrow}BC{\rightarrow}CA$ 的顺序给三相绕组轮流通电，每拍有两相绕组同时通电，如图 6-40 所示。

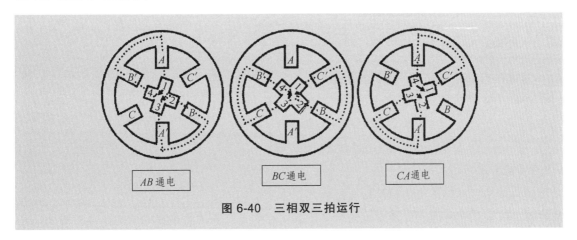

图 6-40　三相双三拍运行

与单三拍方式相似，双三拍驱动时每个通电循环周期也分为三拍。每拍转子转过 30°（步距角），一个通电循环周期（3 拍）转子转过 90°（齿距角）。

从以上对步进电机三种驱动方式的分析，可得出步距角计算公式：

$$\theta = \frac{360°}{Z_{\mathrm{r}} m}$$

6.2.2　步进电动机的驱动电源

步进电动机需配置一个专用的电源供电，电源的作用是让电动机的控制绕组按照特定的顺序通电，即受输入的电脉冲控制而动作，这个专用电源称为驱动电源。步进电动机及其驱动电源是一个互相联系的整体，步进电动机的运行性能是由电动机和驱动电源两者配合所形成的综合效果。

1．对驱动电源的基本要求

（1）驱动电源的相数、通电方式、电压、电流都应满足步进电动机的需要。

（2）要满足步进电动机的启动频率和运行频率的要求。

（3）能最大限度地抑制步进电动机的振荡。

（4）工作可靠，抗干扰能力强。

（5）成本低、效率高、安装和维护方便。

2．驱动电源的组成

步进电动机的驱动电源基本上由脉冲发生器、脉冲分配器和脉冲放大器（也称功率放大器）三部分组成，如图 6-41 所示。

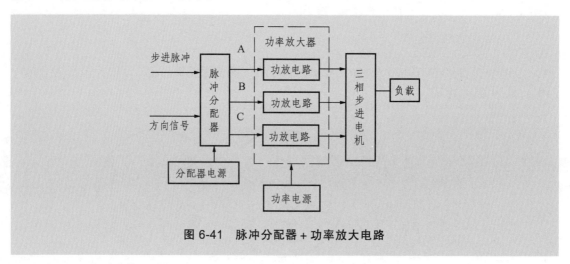

图 6-41　脉冲分配器 + 功率放大电路

1）脉冲发生器

脉冲发生器是一个脉冲频率从几赫兹到几十千赫兹可连续变化的脉冲信号发生器。脉冲发生器可以采用多种线路，最常见的有多谐振荡器和单结晶体管构成的张弛振荡器两种，它们都是通过调节电阻 R 和电容 C 的大小来改变电容器充放电的时间常数，以达到改变脉冲信号频率的目的。两种实用的多谐振荡电路，它们分别由反相器和非门构成，振荡频率由 RC 决定，改变 R 值即可改变脉冲频率。

2）脉冲分配器

脉冲分配器是由门电路和双稳态触发器组成的逻辑电路，它根据指令把脉冲信号按一定的逻辑关系加在脉冲放大器上，使步进电动机按确定的运行方式工作。

当方向电平为低时，脉冲分配器的输出按 A-B-C 的顺序循环产生脉冲，如图 6-42（a）所示。

当方向电平为高时，脉冲分配器的输出按 A-C-B 的顺序循环产生脉冲，如图 6-42（b）所示。

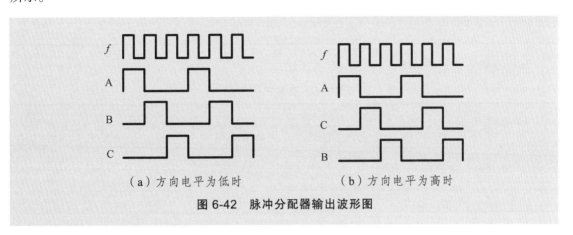

（a）方向电平为低时　　　　　（b）方向电平为高时

图 6-42　脉冲分配器输出波形图

步进电动机的脉冲分配器可由硬件或软件方法来实现。

硬件环形分配器由计数器等数字电路组成的。有较好的响应速度，且具有直观、维护方便等优点。CH250 环形脉冲分配器是三相步进电动机的理想脉冲分配器，通过其控制端的不同接法可以组成三相双三拍和三相六拍的不同工作方式。

软件环形分配器由计算机接口电路和相应的软件组成的。受到微型计算机运算速度的限制，有时难以满足高速实时控制的要求。

软件环形分配器的实现方法是利用计算机程序来设定硬件接口的位状态，从而产生一定的脉冲分配输出。

8031 单片机本身包含 4 个 8 位 I/O 端口，分别为 P0、P1、P2、P3。若要实现三相步进电动机的脉冲分配，需要三根输出口线，本例中选 P1 口的 P1.0、P1.1、P1.2 位作为脉冲分配的输出。

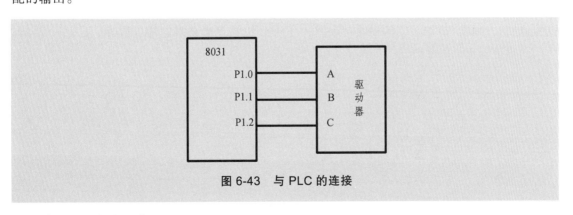

图 6-43　与 PLC 的连接

单相三拍方式见表 6-4。

表 6-4　单相三拍方式

步序	控　制　位			通电状态	控制数据
	PC2/C 相	PC1/B 相	PC0/A 相		
1	0	0	1	A	01H
2	0	1	0	B	02H
3	1	0	0	C	04H

双相三拍方式见表 6-5。

表 6-5　双相三拍方式

步序	控　制　位			通电状态	控制数据
	PC2/C 相	PC1/B 相	PC0/A 相		
1	0	1	1	AB	03H
2	1	1	0	BC	06H
3	1	0	1	CA	05H

三相六拍方式见表 6-6。

表 6-6　三相六拍方式

步序	控　制　位			通电状态	控制数据
	PC2/C 相	PC1/B 相	PC0/A 相		
1	0	0	1	A	01H
2	0	1	1	AB	03H
3	0	1	0	B	02H
4	1	1	0	BC	06H
5	1	0	0	C	04H
6	1	0	1	CA	05H

　　PLC 直接控制步进电机时，可使用 PLC 产生控制步进电机所需要的各种时序的脉冲。例如三相步进电机可采用三种工作方式。可根据步进电机的工作方式以及所需的频率（步进电机的速度），画出 A、B、C 各相的时序图，并使用 PLC 产生各种时序的脉冲。

　　三相单三拍正向的时序图如图 6-44 所示。

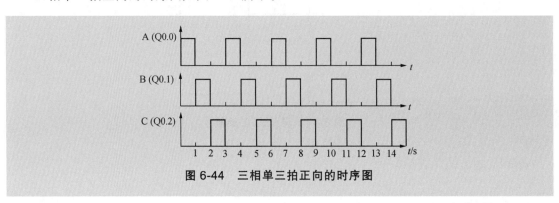

图 6-44　三相单三拍正向的时序图

三相双三拍正向的时序图如图 6-45 所示。

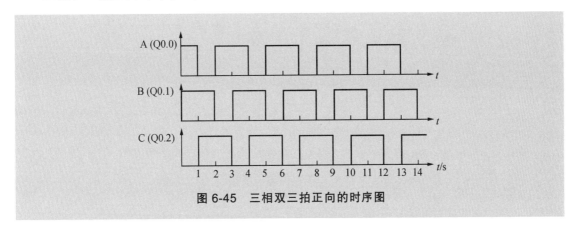

图 6-45 三相双三拍正向的时序图

三相单六拍正向的时序图如图 6-46 所示。

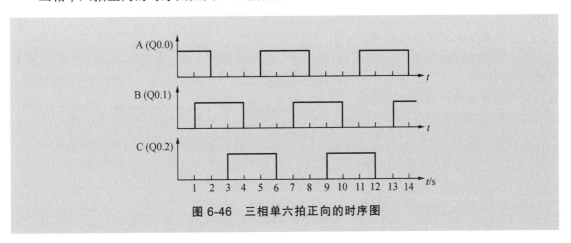

图 6-46 三相单六拍正向的时序图

使用定时器指令实现各种时序脉冲的要求。使用定时器产生不同工作方式下的工作脉冲，然后按照控制开关状态输出到各相对应的输出点控制步进电机。使用移位指令实现各相所需的脉冲信号。

3）功率放大器

由于脉冲分配器输出端 A0、B0、C0 的输出电流很小，如 CH250 脉冲分配器的输出电流为 $200 \sim 400\ \mu A$，而步进电动机的驱动电流较大，如 75BF001 型步进电动机每相静态电流为 3 A，为了满足驱动要求，脉冲分配器输出的脉冲需经脉冲放大器（即功率放大器）后才能驱动步进电机。

（1）单电压驱动电路。

电路如图 6-47 所示，它采用单电压型驱动电源，它的特点是：线路简单，电阻 R 与控制绕组串联后，可以减小回路的时间常数；但是由于 R 上要消耗功率，使电源的效率降低，所以用这种电源供电的步进电动机的启动和运行频率都不会太高。

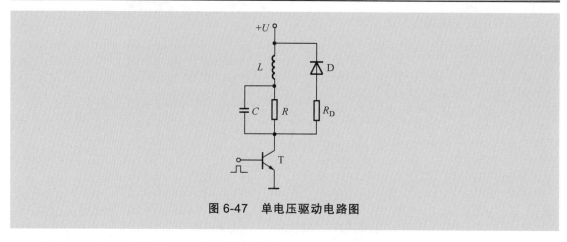

图 6-47   单电压驱动电路图

图中：L 是电动机绕组；T 为开关晶体管。电阻 R 两端并联电容 C，使电流上升更快，所以，电容 C 又称为加速电容。二极管 D 在晶体管 T 截止时起续流和保护作用，串联电阻使电流下降更快，从而使绕组电流波形后沿变陡。

（2）高低压切换型驱动电路。

为了提高电源效率及工作频率，可采用高、低压切换型电源，如图 6-48 所示。高压用来加速电流的增长速度，低压用来维持稳定的电流值。低压电源中串联一个数值较小的电阻，其目的是为了调节控制绕组的电流，使各相电流平衡。

高低压驱动线路的优点是：功耗小，启动力矩大，突跳频率和工作频率高。缺点是：大功率管的数量要多用一倍，增加了驱动电源。高低压切换型驱动电路时序图如图 6-49 所示。

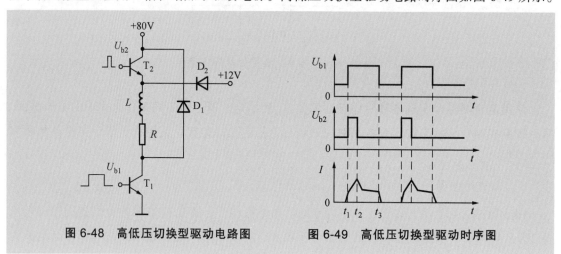

图 6-48   高低压切换型驱动电路图   图 6-49   高低压切换型驱动时序图

任务 6.3   其他常用电机及其控制

6.3.1   测速发电机

测速发电机是测量机械转速的电磁装置。它能把机械转速变换成电压信号输出，其输出电压与输入的转速成正比，在自动控制系统和计算装置中通常作为测速元件、校正元件、解算元件和角加速度信号元件等。

1. 直流测速发电机

直流测速发电机实际上是一种微型直流发电机。它的结构和工作原理与普通直流电动机相似。按励磁方式可分为电磁式和永磁式两种。

测速发电机输出电压和转速的关系，即 $U = f(n)$ 称为输出特性。

$$U_a = \frac{E}{1 + \dfrac{R_a}{R_L}} = \frac{C_e \Phi}{1 + \dfrac{R_a}{R_L}}$$

理想情况下 C_e 为常数，所以，直流测速发电机负载时的输出特性仍然是一条直线。负载电阻越大，直线斜率就越大。实际情况是，输出特性会偏离直线，如图 6-50 中虚线所示。

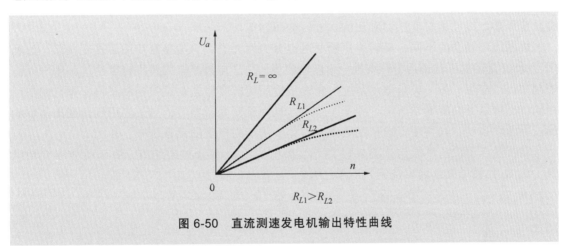

图 6-50　直流测速发电机输出特性曲线

2. 交流异步测速发电机

交流测速发电机可分为同步测速发电机和异步测速发电机两大类。

同步测速发电机又分为永磁式、感应子式和脉冲式三种。由于同步测速发电机感应电动势的频率随转速变化，致使负载阻抗和电机本身的阻抗均随转速而变化，所以在自动控制系统中较少采用。

异步测速发电机按其结构可分为鼠笼转子和空心杯转子两种。它的结构与交流伺服电动机相同。鼠笼转子异步测速发电机输出斜率大，但线性度差，相位误差大，剩余电压高，一般只用在精度要求不高的控制系统中。空心杯转子异步测速发电机的精度较高，转子转动惯量也小，性能稳定。

空心杯转子异步测速发电机的结构与空心杯转子交流伺服电动机一样，它的转子也是一个薄壁非磁性杯，杯壁厚为 0.2 ~ 0.3 mm，通常由电阻率比较高的硅锰青铜或锡锌青铜制成。定子上嵌有空间相差 90°电角度的两相绕组，其中一相绕组为励磁绕组；另一相绕组为输出绕组。在机座号较小的电机中，一般把两相绕组都嵌在内定子上；机座号较大的电机，常把励磁绕组嵌在外定子上，把输出绕组嵌在内定子上。有时为了便于调节内、外定子的相对位置，使剩余电压最小，在内定子上还装有内定子转动调节装置。

当磁通 Φ_d 的幅值恒定时，则电动势 E_r 与转子的转速成正比。

6.3.2　旋转变压器

旋转变压器是自动控制装置中的一类精密控制微电机。这种变压器的原、副边绕组分别放置在定子和转子上。当旋转变压器的原边施加交流电压励磁时，其副边输出电压将与转子的转角保持某种严格的函数关系，从而实现角度的检测、解算或传输等功能。

1. 旋转变压器分类及结构

旋转变压器按有无电刷与滑环之间的滑动接触分，可分为有刷和无刷两种；按电机的极数多少分，可分为两极式和多极式；按输出电压与转子转角间的函数关系，又可分为正/余弦旋转变压器、线性旋转变压器和比例式旋转变压器等。

根据应用场合的不同，旋转变压器又可以分为两大类：一类是解算用旋转变压器，如利用正/余弦旋转变压器进行坐标变换、角度检测等，这已在数控机床及高精度交流伺服电动机控制中得以应用；另一类是随动系统中角度传输用旋转变压器，这与控制式自整角机的作用相同，也可以分为旋变发送机、旋变差动发送机和旋变变压器等，只是利用旋转变压器组成的位置随动系统，其角度传送精度更高，因此多用于高精度随动系统中。

旋转变压器的基本结构如图 6-51 所示。图中 S_1-S_2 为定子励磁绕组，S_3-S_4 为定子交轴绕组，R_1-R_2 为转子余弦输出绕组，R_3-R_4 为转子正弦输出绕组。

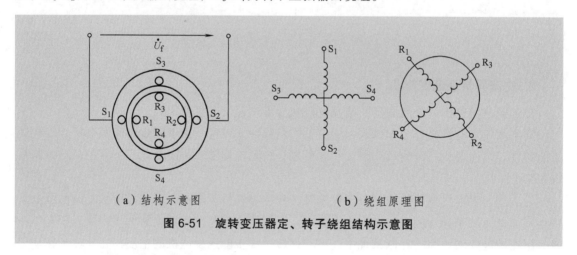

（a）结构示意图　　　　　　　　（b）绕组原理图

图 6-51　旋转变压器定、转子绕组结构示意图

2. 正/余弦旋转变压器的工作原理

正/余弦旋转变压器输出绕组的电压与转子转角呈正弦或余弦函数关系，如图 6-52 所示。

1）空载运行

输出绕组 R_1-R_2 和 R_3-R_4 以及定子交轴绕组 S_3-S_4 开路，在励磁绕组 S_1-S_2 上施加交流励磁电压，此时气隙中将产生一个脉振磁场 ，该脉振磁场的轴线在定子励磁绕组 S_1-S_2 的轴线上。

设 S_1-S_2 轴线与 R_1-R_2 轴线的夹角为 θ，则有

$$\left.\begin{array}{l} E_s = K_u U_f \sin\theta \\ E_c = K_u U_f \cos\theta \end{array}\right\}$$

即输出电动势与转子转角有严格的正、余弦关系。

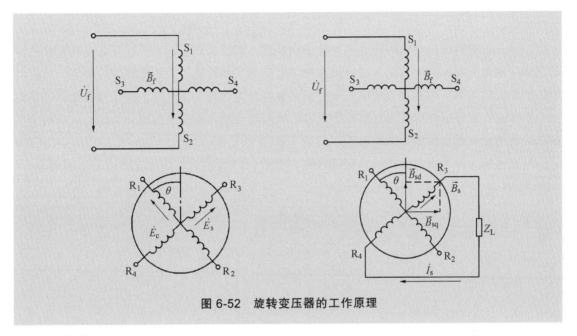

图 6-52　旋转变压器的工作原理

2）负载运行

正弦输出绕组 R_3-R_4 带上负载以后，其输出电压不再是转角的正余弦函数，这种输出特性偏离正/余弦规律的现象称为输出特性的畸变。

$$\dot{U}_{Ls} = \frac{K_u U_f \sin\theta}{1 + \dfrac{Z_s}{Z_L} + j\dfrac{x_m}{Z_L}\cos^2\theta} \approx \frac{K_u U_f \sin\theta}{1 + j\dfrac{x_m}{Z_L}\cos^2\theta}$$

可以看出，负载时由于交轴磁场的存在，在输出电压中多出了 $j\dfrac{x_m}{Z_L}\cos^2\theta$ 项，使旋转变压器的输出特性不再是转角的正弦函数，而是发生了畸变，并且负载阻抗越小，畸变愈严重。

6.3.3　自整角机

自整角机是一种将转角变换成电压信号或将电压信号变换成转角，以实现角度传输、变换和指示的元件。它可以用于测量或控制远距离设备的角度位置，也可以在随动系统中用作机械设备之间的角度联动装置，以使机械上互不相连的两根或两根以上转轴保持同步偏转或旋转。自整角机通常是两台或多台组合使用。

1．自整角机的功能与分类

根据在系统中的作用不同，自整角机可分为控制式和力矩式两大类。

力矩式自整角机本身不能放大力矩，要带动接收机轴上的机械负载，必须由自整角机一方的驱动装置供给转矩。力矩式自整角机系统为开环系统，用在角度传输精度要求不高的系统中，如远距离指示液面的高度、阀门的开度、电梯和矿井提升机的位置、变压器的分接开关位置等。

控制式自整角机接收机的转轴不直接带动负载，即没有力矩输出。当发送机和接收机转子之间存在角度差（即失调角）时，接收机将输出与失调角呈正弦函数规律的电压，将此电压加给伺服放大器，用放大后的电压来控制伺服电动机，再驱动负载。由于接收机是工作在变压器状态，所以通常称其为自整角变压器。控制式自整角机系统为闭环系统，它应用于负载较大及精度要求高的随动系统。

自整角机大都采用两极凸极或隐极结构，如图 6-53 所示；其结构简图如图 6-54 所示。

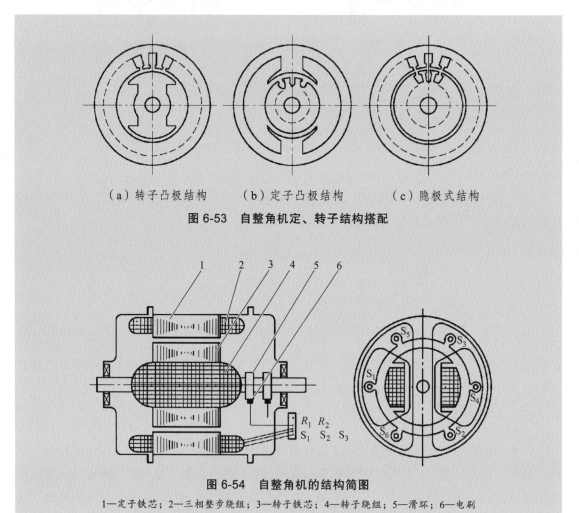

（a）转子凸极结构　　　（b）定子凸极结构　　　（c）隐极式结构

图 6-53　自整角机定、转子结构搭配

图 6-54　自整角机的结构简图

1—定子铁芯；2—三相整步绕组；3—转子铁芯；4—转子绕组；5—滑环；6—电刷

2. 控制式自整角机的工作原理

自动控制系统中，广泛采用控制式自整角机与伺服机构组成的组合系统。图 6-55 为控制式自整角机的工作原理图，图中，ZKF 为控制式自整角机的发送机，ZKB 为控制式自整角机的接收机，也称为自整角变压器，ZKF 和 ZKB 的整步绕组对应连接。ZKB 的转子绕组向外输出电压，该电压通常是接到放大器的输入端，经放大后再加到伺服电动机的控制绕组来驱动负载转动。同时伺服电动机还经过减速装置带动 ZKB 的转子随同负载一起转动，使失调角减小，ZKB 的输出电压随之减小。当达到协调位置时，ZKB 的输出电压为零，伺服电动机停止转动。

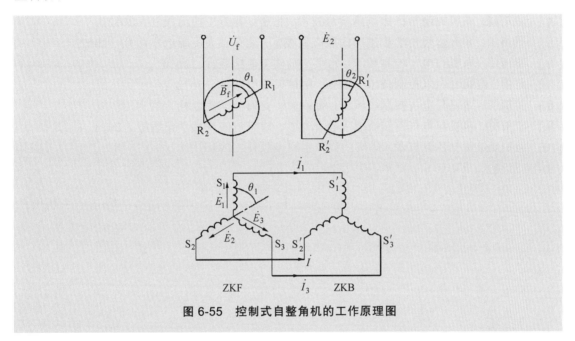

图 6-55　控制式自整角机的工作原理图

当 ZKF 的励磁绕组接交流电源励磁后，便产生一个在其轴线上脉振的磁场，该脉振磁场的磁通在定子各相绕组中感应电势。

很明显，ZKB 的定子绕组为原边，转子单相绕组为副边。由于 ZKB 的副边输出绕组轴线与定子相绕组轴线的夹角为 θ_2，所以定子合成磁场的轴线与输出绕组轴线的夹角为 $\theta_1\text{-}\theta_2$，也就是发送轴与接收轴的转角差&。

ZKB 的输出电压为 $E_2 = E_{2\max}\cos(\gamma-90°) = E_{2\max}\sin\gamma$，自整角机输出电压经放大后带动伺服机转动直至失调角为零。

参考文献

[1] 郭艳萍. 电气控制与 PLC 应用. 北京：人民邮电出版社，2010.
[2] 姜新桥. 电机与电气控制技术. 北京：人民邮电出版社，2014.
[3] 张华龙. 电机与电气控制技术. 北京：人民邮电出版社，2008.
[4] 殷培峰. 电机控制与机床电路检修技术. 北京：化学工业出版社，2012.
[5] 蔡杏山. 零起步轻松学步进与伺服应用技术. 北京：人民邮电出版社，2012.
[6] 田淑珍. 电机与电气控制技术. 北京：机械工业出版社，2010.
[7] 许翏. 电机与电气控制技术. 北京：机械工业出版社，2012.
[8] 吴德明. 电机与电气控制技术. 上海：上海交通大学出版社，2014.
[9] 刘益标. 电机与电气控制技术项目化教程. 南京：南京大学出版社，2013.
[10] 蓝旺英. 电气控制技术. 郑州：黄河水利出版社，2015.